Inhalt

Danksagungen

Wir danken der Evangelischen Familienbildungsstätte Wolfenbüttel, insbesondere Ute Klinge, für ihre Aufgeschlossenheit, neue Projekte zu erproben.

Wir danken allen Kindern und Eltern, die aktiv an den Waldgruppen teilgenommen und die uns mit ihren Ideen bei der Weiterentwicklung des Projekts geholfen haben.

Wir danken unseren Ehemännern für ihre Ausdauer, Geduld und technischen Hilfestellungen.

Widmung

Dieses Buch ist unseren Kindern gewidmet, die immer als erste unsere Ideen ausprobieren dürfen.

Für Lina, Carl, Sophie, Jacob und Paula.

Wir über uns

Regina Michael-Hagedorn,

geboren 1963, Erzieherin und acht Jahre Leiterin eines Kindergartens.

Seit fünf Jahren freie Mitarbeiterin der Evangelischen Familienbildungsstätte Wolfenbüttel. Sie leitet dort Eltern-Kind-Gruppen und seit drei Jahren Waldgruppen und Waldprojekte für Kinder und bietet Fortbildungen und Workshops für pädagogische Fachleute zum Thema „Wald und Naturerleben mit Kindern" an.

Katharina Freiesleben,

geboren 1965, Lehrerin für Grund- und Hauptschule.

Seit vier Jahren freie Mitarbeiterin der Evangelischen Familienbildungsstätte Wolfenbüttel. Sie leitet Eltern-Kind-Gruppen und seit drei Jahren Waldgruppen und Waldprojekte.

Zusammen mit Regina Michael-Hagedorn bietet sie Fortbildungen und Workshops zum Thema „Wald" an.

Beide sind im Vorstand des „Waldkindergartens Wolfenbüttel e.V.". Nachdem ein Waldkindergarten in Wolfenbüttel nicht realisiert werden konnte, kümmert der Verein sich um Vernetzung und Erfahrungsaustausch und organisiert Fortbildungen.

Kontaktadresse:

Regina Michael-Hagedorn
Grimmstr. 10
38300 Wolfenbüttel
Tel. 05331/ 6 94 96

E-mail: R.Michael-Hagedorn@fh-Wolfenbuettel.de

Der Beginn

> *Du hast das Recht, genauso geachtet zu werden wie ein Erwachsener. Du hast das Recht, so zu sein, wie du bist. Du mußt dich nicht verstellen und so sein, wie es die Erwachsenen wollen. Du hast ein Recht auf den heutigen Tag, jeder Tag deines Lebens gehört dir, keinem sonst. Du, Kind, wirst nicht erst Mensch, du bist Mensch.*
>
> *(Janusz Korczak)*

Vieles hat sich seit unserer eigenen Kindheit verändert. Die Kinder treffen sich nicht mehr auf der Straße zum Spielen, sondern müssen sich verabreden. Aktivitäten wie Musikschule und Sport erschweren spontane Begegnungen. Häufig spielen die Kinder dann nicht draußen, sondern im Haus. Denn das Spielen im Freien ist mittlerweile eingeschränkt. Die Kinder müssen sich der Umwelt anpassen und können nicht mehr frei agieren.

So entstehen Defizite, die sich bei immer mehr Kindern bemerkbar machen. Durch gezielte Angebote wie Psychomotorik, Bewegungs- und Ergotherapie wird versucht, diese Defizite abzubauen.

Hier ist der Ansatzpunkt von Waldkindergärten und -gruppen. Die Kinder sind bei Wind und Wetter mehrere Stunden an der frischen Luft. Sie haben kein fertiges Spielzeug, sondern Äste, umgefallene Bäume, Blätter und Erde zum Spielen. Tiere, wie z.B. Käfer und Schnecken, können beobachtet werden. Die Kinder erleben den Rhythmus der Jahreszeiten hautnah.

In der Natur können die Kinder sich frei entfalten, der Phantasie und Bewegung sind keine Grenzen gesetzt. Wände oder Zäune gibt es nicht und die wenigen Regeln, die eingehalten werden müssen, sind überschaubar.
Kinder können sich voll und ganz auf die Natur einlassen und lernen so spielerisch, die Natur zu achten („Ich schütze nur, was ich liebe").

Die Anpassung an eine Gruppe, die Auseinandersetzung mit Gleichaltrigen, findet in Waldgruppen oder -kindergärten genauso statt wie im Regelkindergarten oder Spielkreis. Aufeinander Rücksicht nehmen, sich gegenseitig helfen sind normale Dinge. Störungen durch andere Kinder gibt es kaum, der Lärmpegel ist sehr viel geringer als in einem geschlossenen Raum und trotzdem können die Kinder laut sein! Kinder, die Ruhe suchen, können sie neben den „Draufgängern“ finden, ängstliche Kinder bekommen Hilfe von anderen und werden so selbständiger.

Wir möchten mit diesem Buch eine Anregung geben, eine Waldgruppe, einen Waldkindergarten, Waldprojekte oder Waldwochen zu organisieren. Wir stellen die verschiedenen Möglichkeiten vor, geben Tips zur Elternarbeit und erläutern, warum gerade der Wald und die Natur so wichtig für unsere Kinder sind.

Aller Anfang ist Theorie

Zu Beginn möchten wir einige theoretische Hintergründe pädagogischer Arbeit in der Natur darstellen. Sie sind uns immer wichtiger geworden und bilden die Grundlage unserer Arbeit.

Veränderte Lebensbedingungen – Veränderte Kindheit

Kinder sind keine Fässer, die gefüllt, sondern Feuer, die entzündet werden wollen.

(Rabelais)

Kinderspiele verlagern sich immer mehr von draußen nach drinnen. Spielten die Kinder früher überwiegend im Freien, so findet man heute die Kinder hauptsächlich in der Wohnung. Dies ist u.a. auf die immer größere Zahl von Autos zurückzuführen, die mehr Raum und Parkplätze beanspruchen. Spielen auf der Straße ist durch den Autoverkehr zu gefährlich geworden.

Früher trafen sich Kinder unterschiedlichen Alters ohne große Verabredungen auf der Straße, freien Höfen oder Parkplätzen. Dort spielten sie gemeinsam alte und neue Spiele wie Ballspiele, Gummitwist, Hüpfspiele, Verstecken usw. Die Spielregeln wurden von den älteren an die jüngeren Kinder weitergegeben.
In diesen Spielgruppen wurde ständig soziales Verhalten geübt. Absprachen wurden getroffen, Regeln mußten eingehalten werden, es mußte Rücksicht genommen werden. Dies geschah ohne Anleitung eines Erwachsenen, denn die Straße war das Reich der Kinder, in dem der Erwachsene nur störte.
Die Spielgruppen trafen sich bei Wind und Wetter auf der Straße, denn die Kinder hatten keine Alternative. Die Wohnungen waren meist zu klein zum Spielen und andere Kinder wurden nicht gern gesehen. Also ging man hinaus und klingelte bei den Nachbarskindern.
Straßenspiele sind auch immer Bewegungsspiele. Die sind in der Wohnung erst recht nicht möglich. Denn in den heutigen Wohnungen haben die Kinder nicht genügend Platz, oft ist das Kinderzimmer der kleinste Raum. Dazu sind die Kinderzimmer mit

Möbeln und Spielzeug so vollgestellt, daß kreatives Spielen kaum möglich ist.

Vielleicht haben gerade deswegen die Medien Einzug in unsere Kinderzimmer gehalten. Fernsehen, Video und Computerspiele benötigen nicht viel Platz. Sie bieten aber nur Erfahrungen aus zweiter Hand, verhindern Bewegung und belasten die Sinne einseitig.
Den Kindern fehlt vor allem die Bewegung und die mit ihr verknüpften Fähigkeiten. So verfügen Kinder nicht mehr über so viel Kraft in den Armmuskeln, haben Gleichgewichtsprobleme und einen unsicheren Laufstil (wie eine Untersuchung von Kinderunfällen ergab). Hinzu kommen Rückenschäden und Fußdeformationen. Nicht zuletzt leiden 30% aller Kinder an Übergewicht und 40% an Herz- und Kreislauferkrankungen.

Aber nicht nur die gesundheitlichen, sondern vor allem die sozialen Schwierigkeiten der Kinder bereiten uns in Kindergarten und Schule Probleme. Da gibt es aggressive Kinder, die keine Verantwortung für ihr Tun und dessen Folgen übernehmen können. Sie sind nicht in der Lage, Grenzen anzuerkennen und selbständig zu arbeiten. Es gibt auch Kinder, die unsicher und zurückgezogen in ihrem Schneckenhaus leben, sie trauen sich nichts zu und haben kaum Kontakt zu anderen.

All dies sind Folgen einer veränderten Umwelt. Die kindlichen Bedürfnisse bleiben dennoch bestehen: Bedürfnisse nach Freiheit und Autonomie, nach Möglichkeiten, kreativ tätig zu sein und Materialien zu finden, die eine Umsetzung der eigenen Interessen zulassen.

Die Sinne – das Tor zur Welt

Wahrnehmung ist die Grundlage aller Erkenntnis

(Aristoteles)

Die Veränderungen der Lebensbedingungen der Kinder bewirken auch, daß ihnen grundlegende Sinneserfahrungen fehlen. Aber gerade diese Sinneserfahrungen benötigen sie als Grundlage des Lernens. Lernen heißt, die Welt zu begreifen. Für Kinder gilt das

„Begreifen“ wörtlich. Sie müssen be-greifen und er-fassen. Sie brauchen die unmittelbare sinnliche Erfahrung, das direkte Erleben.

Unsere Sinnessysteme lassen sich in Nah- und Fernsinne unterteilen. Die Nahsinne werden auch als Körpersinne bezeichnet, die Fernsinne als Umweltsinne.

Die Nahsinne betreffen alle Wahrnehmungen aus dem Körper und geben dem Menschen Informationen über sich selbst. Sie werden überwiegend im Hirnstamm verarbeitet und bilden die Grundlage aller höheren Wahrnehmungen.

Man unterscheidet:

1. viscerale Perzeption	Die Wahrnehmung der Spannungszustände der inneren Organe, die innere Befindlichkeit
2. kinästhetisches System	Die Wahrnehmung der Spannung von Muskeln, Sehnen und Gelenken
3. vestibuläres System	Die Wahrnehmung des Körpers im Raum, die Gleichgewichtswahrnehmung

Die Fernsinne verarbeiten die den Körper von außen treffenden Reize:

1. visuelles System	Informationen durch das Auge
2. auditives System	Informationen durch die Ohren
3. olfaktorisches System	Informationen durch die Nase
4. gustatorisches System	Informationen durch Mund und Zunge
5. taktiles System	Informationen durch die Haut

Die Wahrnehmungssinne beginnen nicht erst mit der Geburt, sondern sind schon unterschiedlich früh im Mutterleib ausgebildet. Der Embryo nimmt bereits durch die Umspülung mit Fruchtwasser und aus der Uteruswand Reize auf und benutzt diese zur Entwicklung seines Nervensystems.
Am 23. Tag (erster Monat) beginnt das Herz zu schlagen und legt somit den Grundstein zur Körperinnenwahrnehmung. Der Tast-

sinn, der Geschmackssinn und der Geruchssinn sind bereits im zweiten Monat angelegt. Im dritten Monat folgen der Gleichgewichtssinn und der Hörsinn. Der Sehsinn wird erst im fünften Schwangerschaftsmonat angelegt. Nach der Geburt kommt völlig neu das Wahrnehmen der Schwerkraft hinzu. Die Anpassung daran wird eine wichtige Aufgabe für das Kind.

Der Säugling verfügt so schon bei der Geburt über viele Sinneserfahrungen, die ihm helfen, neue Wahrnehmungen zu selektieren und zu integrieren.
Das Kind hat somit schon früh ein Wissen über räumliche Beziehungen, lange bevor es in der Lage ist, sich sprachlich zu artikulieren.
Das Kind erlangt dieses Wissen ausschließlich über Bewegung und Sinneserfahrungen. Für diese Erfahrungen braucht das Kind die Möglichkeit, selbstbestimmt zu handeln. Es braucht Zeit zum Selbertun, Ausprobieren, Staunen und Forschen. Das Kind muß mit all seinen Sinnen aktiv sein, um die Wurzeln seines Wahrnehmungssystems gut anzulegen und aufzubauen. Nur dann können sich aus seinem Tun Bilder der Welt entwickeln. Zusammenhänge werden selbst entdeckt, Ereignisse nachvollzogen. Diese Eindrücke werden gespeichert, verarbeitet und entwickeln sich zu Erkenntnissen, auf die das Kind später zurückgreifen kann. Jedes Kind schafft sich so seine Welt selbst.

Bewegung – der Drang, sich selbst zu erfahren

Auf der risikolosen Betonbahn fordert uns nichts heraus. Ich hatte nichts zu bestehen, ich war sozusagen überflüssig. Das ist es, was uns kaputtmacht: die Unterschlagung unserer Fähigkeiten. Leben bedarf der Hindernisse. Wo kein Wagnis, da kein Leben.

(Hugo Kükelhaus)

Kinder bewegen sich gern. Von kleinauf sind Kinder in Bewegung: rollen, robben, krabbeln, drehen, laufen, rennen, springen, ...
Sie suchen sich alles, um ihren Drang nach Bewegung auszuleben: im Haus sind es Tische, Stühle, Sofas, lange Flure, draußen

sind es Treppen, Bordsteine, Hügel, Pfützen, ...
Wenn sie einen Bewegungsablauf erlernt haben und ihn fast perfekt beherrschen, werden sofort neue, schwerere Abläufe ausprobiert.
Kinder erobern sich ihre Umgebung langsam, ihren Bewegungsmöglichkeiten entsprechend, abhängig von Alter und körperlicher Entwicklung (z.B.: Die Kinder lernen Treppen laufen. Zuerst krabbeln sie die Treppe nach oben. Sobald sie dies beherrschen, versuchen sie, die Treppe rückwärts hinunter zu krabbeln, bis sie die Treppe auf dem Bauch liegend herunterrutschen können. Danach beginnt dann die „aufrechte" Eroberung der Treppe.).

Bewegung fördert die geistige, psychische und körperliche Entwicklung der Kinder. Wenn der Bewegungsdrang von Kindern eingeschränkt wird, kann es zu Verhaltensstörungen und Haltungsschäden kommen. Dann müssen Angebote wie Psychomotorik, Krankengymnastik oder Ergotherapie in Anspruch genommen werden.
In der heutigen Welt ist es schwer, die Bedürfnisse der Kinder zu befriedigen. Spielplätze und Sport erleichtern uns diese Aufgabe, bieten aber den Kindern nicht immer das, was sie gerade brauchen.

Kinder vom vierten bis sechsten Lebensjahr sind einer ständigen Veränderung ihres Körpers ausgesetzt: Gleichgewicht, Koordination und Kraft müssen ständig neu erprobt und erlebt werden. Man merkt es daran, daß die Kinder dann wieder häufiger hinfallen oder sich mit dem Kopf an Tischkanten stoßen.
Man beobachtet manchmal auch einen „Rückschritt" der Kinder. Es sieht so aus, als würden sie einige Bewegungsabläufe wieder verlernen. Doch sie greifen nur auf Bewegungsabläufe zurück, die sie vollkommen beherrschen, um ihre neuen Kräfte zu erleben und zu begreifen. Es handelt sich hierbei nicht um einen Rückschritt, sondern um die Rückeroberung ihrer alten Sicherheit, um dann Neues ausprobieren zu können.

Kinder nehmen die Umwelt nicht allein „über den Kopf" wahr, sondern mit allen Sinnen.
Bewegung ist die Verbindung der Außenwelt (Umwelt) mit der

Innenwelt (Sinne). Sie ist für das Zusammenspiel von Psyche und Körper ein wichtiger Entwicklungshelfer.

Das sensorische System (Aufnahme von Sinnesempfindungen) kann sich nur optimal entwickeln, wenn alle Sinne gleichermaßen aktiviert werden.

Leben und Lernen mit allen Sinnen

Ohne intensives Spielen, welches den ganzen Körper beansprucht, verschafft sich das Kind nicht das Ausmaß an Sinneswahrnehmungen, das notwendig ist, um das Gehirn in seiner Gesamtheit zu entwickeln.

(Jean Ayres)

Zwar sind die meisten Menschen von Geburt an mit einer durchschnittlich guten Fähigkeit zur Verarbeitung sinnlicher Wahrnehmung ausgestattet, diese Grundfähigkeit muß jedoch vor allem in der Kindheit durch beständige Auseinandersetzung mit den Dingen und Gegebenheiten der Umwelt weiterentwickelt werden. Das Zusammenspiel der Sinne wird gefördert durch körperliche Aktivitäten; diese setzten komplexe Anpassungsreaktionen in Gang. Kinder lernen Neues hinzu und durch die Anpassungsreaktion hat das Gehirn die Chance, sich weiterzuentwikkeln und sich damit „besser zu organisieren".

Beispiele aus dem Alltag von Kindern verdeutlichen uns, wie wichtig ihnen selbst sensorische und vor allem vestibuläre Reize sind: Kinder drehen sich, bis sich die Welt um sie dreht. Sofas, Matratzen – alles was federt wird zum Trampolin umfunktioniert. Kinder lieben „sensorische Situationen" – nicht, weil damit ihre Gehirnfunktionen trainiert werden, sondern weil es lustvoll ist, zu springen, zu rennen, sich zu drehen, zu schwingen und zu schaukeln.

Je vielfältiger sensorische Funktionen geübt werden, desto sicherer wird das Kind in seinen Bewegungen und desto besser gelingt ihm die Auseinandersetzung mit seiner Umwelt. Ein sensorisches System kann sich nur dann optimal entwickeln, wenn es aktiviert wird. Körperliche Aktivitäten sind für die Entwicklung der vestibulären und kinästhetischen Systeme unerläßlich.

Gerade die Natur bietet Anreize zur Bewegung, da sie sich auf einfache Grundelemente beschränkt und Ablenkung durch andere Reize kaum vorkommt.

Die Kinder müssen die Möglichkeit haben, an die Grenzen ihrer Fähigkeiten und Ängste zu gehen und sie zu überschreiten. Die Wirklichkeit muß gespürt, Ereignisse müssen nachvollzogen, Zusammenhänge selbst entdeckt werden, denn nur so können Kinder lernen und die Welt verstehen.

Die Fähigkeit, sich zu bewegen ist die Fähigkeit zu handeln. Sie schafft Sicherheit im Umgang mit sich selbst und mit anderen. Sie ermöglicht es, Gefühle und Stimmungen auszuagieren und zu verarbeiten. Nur Kinder, deren Bedürfnis nach Aktivität und deren Bewegungsdrang befriedigt wurde, können zu Ruhe und Konzentration finden.

Zum Bewegen und Lernen braucht das Kind keine konstruierten Anlässe, sie ergeben sich im Spiel von selbst. Spielen ist und sollte die Hauptbeschäftigung der Kinder sein. Von der Geburt bis zur Einschulung sollte ein Kind 20.000 Stunden spielend verbracht haben. Bevor nicht mit dem Alter von sieben Jahren die Entwicklungsstufe der konkreten Denkoperation (Piaget) erreicht ist, ist Spielen für Kinder die einzige Lernmethode.

Kinder, die ausreichend gespielt haben, werden auch in der Schule, ohne spezielle Vorschulprogramme erfolgreich sein.

Freiräume für Kinder

Man kann in die Kinder nichts hineinprügeln, aber manches herausstreicheln.

(Astrid Lindgren)

Mit den Kindern in den Wald zu gehen, heißt Abenteuer zu erleben.
Um gemeinsam Abenteuer zu erleben, ist eine andere pädagogische Sichtweise nötig. Grundvoraussetzung ist für uns, daß jedes Kind ein gleichwertiger Partner ist und dies nicht nur auf dem Papier.
In der Praxis bedeutet das:
Durch die Form des Projektes, die allgemeinen Abläufe, das Gelände geben wir eine Struktur vor. Innerhalb dieser Struktur bestimmt jedes Kind selbst, was es gerne tun möchte: Pflanzen und Tiere beobachten, Waldfrüchte sammeln, klettern, balancieren oder einfach nur ruhig beobachten.
Damit aber wirklich jedes Kind selbst entscheiden kann, was es gerne tun möchte, müssen wir Vertrauen haben. Vertrauen in die Fähigkeiten des Kindes, für sich selbst verantwortlich zu sein. Das Kind sucht sich eine Aktivität, die seinem Entwicklungsstand und die seinem derzeitigen Interesse entspricht. Was es tut, ist für das Kind sinnhaft und richtig. Unsere Aufgabe ist es nicht, sein Tun zu beurteilen und zu bewerten, sondern den Sinn seines Handelns zu entdecken.
Regeln werden gemeinsam mit den Kindern aufgestellt. Dann sind sie transparent und nachvollziehbar. Dort, wo sich Regeln als unsinnig erweisen, werden sie gemeinsam überdacht.

In den vorangegangenen Kapiteln haben wir über die Notwendigkeit gesprochen, Kinder er-leben und be-greifen zu lassen. Bei der Erkundung ihrer Umwelt können wir die Kinder unterstützen. Am Besten gelingt uns das, wenn wir selbst neugierig sind und Spaß daran haben neue Dinge zu entdecken und zu erforschen. So kann man am Steinbruch Versteinerungen suchen oder

Käfer und Raupen am Waldboden betrachten. Nur wenn es uns wirklich selbst interessiert, können wir das Interesse der Kinder wecken. Unsere eigene Neugier auf diese Dinge ist für die Kinder die beste Motivation, diese verborgenen Geheimnisse zu erkunden. Konstruierte Lernanlässe wecken dagegen nur wenig Interesse, sie werden von ihnen oft nur artig erduldet.
Das sind nicht nur Kleinigkeiten, sondern eine grundsätzlich andere pädagogische Herangehensweise. Dies hat Folgen:
Durch ihre selbstgewählten und eigenständigen Tätigkeiten haben die Kinder viele Erfolgserlebnisse. Sie werden selbständiger und entwickeln ein positives Selbstbild.
Die größere Selbständigkeit läßt die Kinder näher zusammenrükken. Sie treten nicht mehr so oft in Konkurrenz, um die Aufmerksamkeit der ErzieherInnen zu erlangen. Sie sind eher bereit, Schwächeren zu helfen. Je mehr die Kinder für ihr Tun selbst verantwortlich sind, um so eher können sie auch Niederlagen einstecken und auf andere Kinder eingehen. Sie werden durch die Verantwortung für sich und ihr Handeln vorsichtiger und umsichtiger.
Auch für die ErzieherInnen ändert sich die Arbeit positiv. Motivierte und engagierte Kinder stellen andere Ansprüche. In den Vordergrund tritt die Unterstützung von Plänen und Aktivitäten der Kinder. Kontrolle und Reglementierungen fallen weitgehend weg, da die Kinder sich gegenseitig an die Einhaltung von Regeln erinnern.
Angebote sind freiwillig und immer auf die Bedürfnisse der Kinder und ErzieherInnen abgestimmt.
Die somit geschaffenen Freiräume für Kinder bieten die Chance für eine harmonische, gleichberechtigte Zusammenarbeit, die Kinder und ErzieherInnen befriedigt.

Mit Kindern im Wald

Gäbe es nur eine Wahrheit, man könnte nicht hundert Bilder zum gleichen Thema malen.

(Pablo Picasso)

Welche Konsequenzen ergeben sich für unsere Arbeit? Und welche Situationen müssen wir in Kindergarten oder Spielkreis schaffen, um den Kindern die verlorenen Entwicklungsanreize zu bieten?

Einerseits brauchen Kinder für eine gesunde, harmonische Entwicklung Spielraum. Sie benötigen Kindergärten, die in ihrer architektonischen Gestaltung und materiellen Ausstattung auf die kindlichen Bedürfnisse abgestimmt sind – d.h. abwechslungsreiche Innengestaltung, die ihnen die Möglichkeit des Entdekkens, Ausprobierens und Erkundens bietet und sie zum Selbertun anregt. Hierbei ist zu beachten, daß weniger stets mehr ist. Das gilt besonders im Spielzeugbereich. Spielzeug sollte so strukturiert sein, daß es das kindliche Spiel anregt und unterstützt und nicht so, daß es die Phantasie behindert und einengt. Multifunktionalität ist oberstes Gesetz.

Das Gleiche gilt für das Außengelände. Kinder brauchen keinen Vollkasko-Spielplatz, auf dem in erster Linie TÜV-Plaketten und DIN-Normen regieren, wo die vorgegebenen Möglichkeiten den Kindern nicht erlauben, ihrem Spiel eine eigene Bedeutung zu geben. Kinder benötigen Spielraum für eigene Entscheidungen, individuelle Sinngebungen und selbständiges Handeln.

In letzter Zeit hat sich besonders das Konzept des „offenen Kindergartens“ durchgesetzt, das die Kinder verstärkt zu einem selbständigen und eigenverantwortlichen Handeln führt.
Ein anderer Bereich ist die Psychomotorik und die damit verbundene Bewegungsbaustelle, die in vielen kleinen und großen Einrichtungen bereits vorhanden ist. Hier erhalten die Kinder alle Anreize, die sie für ihr Wahrnehmungssystem benötigen. Ohne Leistungsvorgabe und Zeitdruck, sondern individuell auf die Entwicklung des Kindes abgestimmt können sie eigenverantwortlich handeln.

Die Waldgruppe vereint viele Aspekte der anderen Kindergartenkonzepte in sich. Ein großer Vorteil liegt darin, daß Situationen und Umgebungen nicht künstlich hergestellt werden müssen. Es gibt eine Vielfalt an Wahrnehmungs- und Bewegungsanlässen, aus denen die Kinder schöpfen können. Durch den weiten Raum fällt den Kindern eine Selektion nicht schwer, sie nehmen nur die Reize wahr, mit denen sie sich gerade beschäftigen, die anderen Reize nimmt nur das Unterbewußtsein wahr.

Was ist anders in Waldkindergarten und Waldgruppe?

In den Wäldern sind Dinge, über die nachzudenken man jahrelang im Moos liegen könnte.

(Franz Kafka)

Eine „Kindheit in der Natur", in einem relativ grenzenlosen Raum, in dem sich Kinder frei bewegen: Der natürliche Bewegungsdrang der Kinder kann ungehindert ausgelebt werden. Das Waldstück ist ein Schonraum, in dem die Umwelt er-lebt und begriffen werden kann. Auf der Basis von Geborgenheit und Sicherheit können die Kinder auch die weitere Umgebung entdecken und Abenteuer erleben.

Mehrere Stunden täglich Bewegung in frischer Waldluft: Die erholsame Umgebung stärkt die körperliche wie auch die seelische Gesundheit, besonders das Immunsystem. Bewegung im Freien wirkt sich günstig auf Kinder aus, die sich leicht erkälten oder die unter Allergien leiden. Darüber hinaus beugt sie den in unserer heutigen Zeit immer häufiger auftretenden Haltungsschäden vor.
Auch träge, zu Übergewicht neigende Kinder können Freude an der Bewegung erfahren. Die natürliche Umwelt fördert das Zusammenspiel von Körper, Geist, Seele, Denken, Fühlen und Handeln.

Draußen zu spielen hat zu allen Jahreszeiten seinen Reiz: Kinder spüren die Wirkung von Kälte und Wärme, von Wind, Regen und Nässe. Sie erfahren, daß Bewegung gegen das Frieren hilft und

daß man sogar bei Eis und Schnee schwitzen kann.
Je nach Jahreszeit können die Kinder erleben,

- wie man sich vom Wind treiben lassen kann (evtl. mit einem aufgespannten Regenschirm, der den Luftwiderstand und damit auch die Antriebskraft vergrößert) oder wie man gegen den Wind ankämpfen muß,
- wie prasselnder Regen die Haut massiert,
- daß man Hagelkörner zwar anfassen kann, wie schnell sie aber auch wieder in der Hand zerschmelzen,
- daß Wasser, wenn man es bei Frost über ebene Flächen gießt, zu einer Eisfläche wird,
- wie man im Schnee eine Höhle bauen und in ihr Schutz vor Wind und Kälte finden kann.

Kein Lärmstreß wie in geschlossenen Räumen. Die Kinder erleben die Stille. Stille ist in der heutigen Zeit ungewohnt. Gerade der Wald ist ideal, um Stille zu erleben und zu lauschen. Geräusche, die die Stille stören könnten, werden nicht wahrge-

nommen, da sich der Lärm im Wald verflüchtigt. Im Wald ist es möglich, unterschiedliche Dinge nebeneinander zu machen, ohne daß die Kinder sich gegenseitig stören. Tobende, schreiende Kinder sind nur wenige Meter von einem Kind entfernt, das die Stille sucht, sich intensiv mit einem Buch beschäftigt oder den Boden untersucht.

Ein Kindergarten „ohne Tür und Wände“, ohne Raumlärm und Beengung hilft, daß aggressionsfördernde Situationen gar nicht erst entstehen können. Die Kinder haben viel Platz für Bewegung und können nach Herzenslust laut sein. Mit ihrem Verhalten stören sie die anderen nicht, da genügend Rückzugsmöglichkeiten zu finden sind.

Neben den üblichen Regeln des Umganges miteinander gibt es in einem Waldkindergarten oder einer Waldgruppe nur wenig zusätzliche Regeln, deren Notwendigkeit aus unmittelbarer Anschauung erfahrbar und nachvollziehbar wird. Das betrifft den Umgang mit Pflanzen und Tieren ebenso wie das allgemeine Verhalten im Wald. Zum Beispiel haben wir auf unseren Wanderungen verschiedene Haltepunkte, die vorher festgelegt werden. Hier wird auf alle Kinder gewartet.

Das natürliche Spielmaterial des Waldes weckt die Phantasie und die Kreativität der Kinder. Ein umgestürzter Baum wird im Spiel zur Rakete oder zum Märchenschloß. Steine und Zapfen werden zu Gemüse, Schätzen oder Goldklumpen. Alte Spiele und Fertigkeiten werden wiederbelebt.

Unmittelbares Erleben, eigene Erfahrungen mit allen Sinnen anstelle von „Projektionen aus zweiter Hand" geben Selbstwertgefühl und emotionale Stabilität. Sinnliche Erfahrungen, Tasten, Fühlen, Riechen, Hören, Sehen, werden im Freien fast selbstverständlich gewonnen. Diese Erfahrungen müssen nicht konstruiert werden. Denn der Wald bietet jederzeit und überall reichhaltige Erlebnisse.
Das kann durch Angebote noch unterstützt werden.
So kann die Erzieherin die Kinder im Sommer – bei warmem Wetter – zum Barfußlaufen anregen: Gras kitzelt unter den Fußsohlen, der Sand rinnt zwischen den Zehen hindurch, Steine fühlen sich in der Sonne warm und im Schatten kalt an, Moos ist weich, Schottersteine dagegen hart. Mit geschlossenen Augen kann man mit den Fußsohlen zu ertasten versuchen, auf welchem Untergrund man sich befindet. Ebenso kann die Erzieherin die Kinder einmal auf die Vielfalt der Gerüche aufmerksam machen. Wie riecht Moos, welchen Geruch haben Tannenzapfen, Blumen, ein Nadelbaum, frisch gesägtes oder vermodertes Holz? Mit geschlossenen Augen kann man versuchen, eine Pflanze oder einen Gegenstand am Geruch zu erkennen.

Das Spielen in der Natur fördert nicht nur die Grobmotorik, sondern auch die Feinmotorik. Denn gerade die Natur bietet auch Material, das vorsichtig und geschickt angefaßt werden muß, z.B. Kleintiere wie Schnecken und Käfer, Rinden und Blüten.

Die Natur bietet Bewegungsanlässe, die von den Kindern angenommen werden, die ihr Bewegungskönnen auf die Probe stellen und erweitern. Gleichzeitig lernen sie die räumliche und gegenständliche Umwelt kennen, machen z.B. Erfahrungen mit unterschiedlicher Bodenbeschaffenheit: Auf weichem Waldboden läuft man anders als auf harten Waldwegen, Sand, Matsch oder auf

Kiesflächen; die Geräusche auf einer Wiese oder im Wald sind andere als die auf der Straße. Im Wald kann man eine Laubschlacht veranstalten, ohne sich dabei wehzutun, in große Laubhaufen kann man sich fallenlassen. Bei Regen kann man erleben, wie sich die Wiese in einen Sumpf verwandelt und auf der Straße Pfützen zum Über- oder Reinspringen einladen.

Auch im kognitiven Bereich bieten der Wald, die Natur, die Jahreszeiten und das Wetter, die Rhythmen der Pflanzen und die Lebensgewohnheiten der Tiere den Kindern viele Anregungen. Neugierig stellen die Kinder Fragen zu ihren Erlebnissen. Die Antworten dazu erarbeiten sie sich selbst. Dabei lernen sie, Hilfsmittel wie Bestimmungsbücher oder Lupen einzusetzen.

Ein Tag in unserer Waldgruppe

Der junge Mensch braucht seinesgleichen – nämlich Wasser, Dreck, Gebüsch, Spielraum. Man kann ihn auch ohne das alles aufwachsen lassen, mit Teppichen, Stofftieren oder auf asphaltierten Straßen und Höfen. Er überlebt es, doch man soll sich dann nicht wundern, wenn er später bestimmte soziale Grundleistungen nie mehr erlernt ...

(Alexander Mitscherlich)

Die Kinder werden von den Eltern um 8.45 Uhr zu unserem Treffpunkt gebracht. Sie sind wetterfest angezogen und tragen ihren Rucksack mit Frühstück, Getränk, Waschlappen und Isomatte.
Wir wandern zu unserem „Rutschhang“ und machen unseren Morgenkreis.
Dort begrüßen wir die Kinder mit einem Lied, und es wird festgestellt, ob alle da sind, wer fehlt und warum.

Nun ist Zeit für das Freispiel. Die Kinder haben Zeit zu beobachten, zu suchen, zu finden und zu spielen.

Jetzt beginnt für die Kinder eine Entdeckungsreise. Der Wald und die Wegesränder verändern sich ständig, die Kinder nehmen die Jahreszeiten sehr intensiv wahr.

Im Frühjahr entdecken die Kinder die ersten grünen Knospen und untersuchen sie. Der Sommer lädt ein, unter seinem grünen Dach zu laufen, zu lauschen und im Dickicht Verstecken zu spielen.
Im Herbst wird das Laub bunt und Blätter fallen herab, und der Winter bedeckt alles mit Schnee und verzaubert altbekannte Orte.

Die Kinder entdecken Steine, Pflanzen oder Tiere, auch Wurzeln, die ein besonderes Gesicht haben oder ein Tier darstellen. Anhand von Bestimmungsbüchern werden Tiere und Pflanzen benannt. Die Kinder erfahren etwas über ihre Beschaffenheit und ihre Lebensumstände.

Aus Stöcken werden Angeln oder Buden gebaut. Blätter und Moos werden zu Milch und Brot im Kaufladen – der Phantasie sind keine Grenzen gesetzt. Umgekippte Bäume sind Piratenschiffe, gefährliche Krokodile, Feuerwehrautos oder Brücken.
Die Kinder sind ununterbrochen in Bewegung und balancieren oder rutschen herum, suchen und entdecken.

Andere Kinder suchen sich ein ruhiges Plätzchen und bauen sich ein Blätterbett, um in die Baumkronen zu sehen oder in den Bestimmungsbüchern zu blättern und zu schmökern. Einige sitzen oder liegen auch nur ruhig da und träumen, lauschen dem Wind und den Vögeln und sehen dem Schattenspiel der Bäume zu.

Für die Frühstückspause wird eine gemütliche Runde gemacht, die Kinder waschen sich mit ihrem Waschlappen die Hände. Nach der vielen Bewegung ist der Appetit gut. Wir lassen uns Zeit und nehmen uns Ruhe zum Essen.

Danach können die Kinder an den Angeboten der ErzieherInnen teilnehmen. Das können eine Geschichte, Lieder oder gemeinsame Gespräche sein. Mit Naturmaterialien kann gebastelt werden. Es entstehen Blättermännchen, Kastanienketten oder Hexenbesen. Mit kindgerechtem Werkzeug kann geschnitzt, gehämmert und gesägt werden. So entstehen Wurzelmännchen, Autos oder Schiffe, kleine Kunstwerke.
Außerdem ist Zeit für Kreis- und Bewegungsspiele. Alte und neue Spiele werden verbunden und zu neuem Leben erweckt.

Geburtstage, Karneval, Oster- und Weihnachtsfeste finden im Wald statt. Baumstümpfe werden zu Geburtstagstischen, verziert mit Moos und Zapfen, Verkleidungen werden aus Naturmaterialien hergestellt.
Den Tagesablauf beschließt eine Geschichte oder ein Lied, dann werden die Rucksäcke geschultert, selbstgebastelte oder gefundene Schätze in die Hand genommen und der Rückweg angetreten.
Auf dem Weg zum Parkplatz wird an einer Tischgruppe Halt gemacht, und es findet der Abschlußkreis statt.
Nach dem Abschlußlied gehen wir gemeinsam zum Parkplatz zurück.
Meistens sind die Kinder müde und schmutzig, aber glücklich.

Welche Schwierigkeiten gibt es?

Natürlich ist nicht immer alles einfach und problemlos. Wie in jeder pädagogischen Arbeit gibt es Widrigkeiten, die immer wieder auftreten.

1. Der eigene „innere Schweinehund“ muß überwunden werden, d.h., die ErzieherIn muß bereit sein, sich auf das „Abenteuer Natur“ einzulassen.
   Je länger man eine Waldgruppe leitet, desto uninteressanter wird die Wettervorhersage am Abend vorher.

2. Die Eltern, die ihre Kinder vor allem schützen möchten, was ihnen selbst vielleicht unangenehm ist, müssen überzeugt und zur Mitarbeit animiert werden. Dies geschieht am besten in Form eines Infoabends, einer Wandzeitung mit Bildern und Zeitungsartikeln und einer Waldbegehung (s. Seite 43: Elternarbeit).

3. Es gibt auch Kinder, die für den Wald nicht geeignet sind. Das sind z.B. kleine, unsichere Kinder, denen die Weite des Waldes Angst macht. Für diese Kinder ist ein starrer Tagesablauf im Wald sehr wichtig. Er gibt ihnen Sicherheit und die Möglichkeit, sich zu orientieren. Auch „alten“ Kindergartenkindern fällt es oft schwer, sich im Wald zurechtzufinden, denn diese Kinder haben den normalen Tagesablauf im Regelkindergar-

ten verinnerlicht. Hier ist die ErzieherIn Rollenvorbild, die Verhaltensalternativen aufzeigt.

Nach drei Jahren Waldgruppe können wir sagen, daß nicht nur für die Kinder, sondern auch für uns jeder Waldtag ein Erlebnis ist. Durch die vielfältigen Anreize ist er nicht planbar und vorstrukturiert. Es erfordert von uns ein hohes Maß an Flexibilität und den ständigen Mut, etwas Neues zu erfahren und auszuprobieren.
Aber da es keine Ablenkung von außen gibt, sind die Waldtage für uns erholsam. Es klingelt kein Telefon, kein Vertreter stört und wir sind nicht erreichbar für Eltern und Träger. Auch uns tut die frische Luft gut und härtet uns ab gegen Erkältungskrankheiten. Viele neue Dinge haben wir ausprobiert und viele sind aus unseren vergessenen Kindheitserinnerungen wieder aufgetaucht, um mit den Kindern umgesetzt zu werden.

Organisatorisches

Waldstück

Meist liegen nicht allzu viele Waldstücke in der Umgebung. Wo es aber Auswahlmöglichkeiten gibt, sollten folgende Kriterien beachtet werden:

- *Naturnähe:* Nicht der aufgeräumte Forstwald, sondern ein möglichst naturnaher Forst lädt die Kinder zum Spielen ein. Oft muß man nur die Wege verlassen, um für Kinder interessante Stellen zu finden. Toter Baumbestand und Wasser in Tümpeln oder Bächen erweitern die Spielmöglichkeiten.
- *Geländeformation:* Ein möglichst abwechslungsreiches Gelände mit Hügeln und Tälern (sehr schön: alte Steinbrüche und Tonkuhlen) bietet attraktive Orte zum Klettern, Abseilen, Buddeln, Fossilien suchen ...
- *Erreichbarkeit:* eine nahe Bushaltestelle und Parkplätze für Eltern erleichtern den Hin- und Rückweg. Noch besser ist es, wenn man ein Waldstück zu Fuß mit der Gruppe erreichen kann.

Der Förster, der Wald und das Recht

Zwar darf jedermann Feld und Wald zur Erholung betreten, aber für darüber hinausgehende Nutzung gibt es von Bundesland zu Bundesland unterschiedliche gesetzliche Regelungen. Überall gilt aber: Waldgruppen und -kindergärten sind eine genehmigungspflichtige Sondernutzung (s. S. 112: Forstgesetz).
D.h.: Wenn man eine Gruppe eröffnen will, muß man in jedem Fall mit dem Waldbesitzer oder zuständigen Förster vorab Kontakt aufnehmen und um Genehmigung bitten. Um Pflanzen und Tiere zu schützen, muß genau abgeklärt werden, welche Stellen im Wald mit den Kindern aufgesucht werden dürfen (s. S. 114 Naturschutzgesetz).
Gute Kontakte zum Förster bieten auch Möglichkeiten zur Zusammenarbeit: Wir erfahren, wo „etwas los ist im Wald“ (Fällar-

beiten, Aufforstung) und bekommen viele interessante Erklärungen und Hinweise.

Versicherungen

Die Lieblingsfrage der Pädagogen: „Ist das denn versichert?“ kann so einfach nicht beantwortet werden. Das hängt immer von der Organisation der Gruppe ab.

Kindergartengruppen, die einmal die Woche oder für ein Projekt in den Wald gehen, sind über die GUV versichert. Hier gelten die gleichen Versicherungsgrundlagen wie im Regelbereich. Die Waldaktivitäten müssen aber vorher mit dem Träger abgesprochen werden.

Analog gilt das für anerkannte Waldkindergärten und -spielkreise. Nicht öffentlich anerkannte Gruppen sollten eine eigene Gruppenunfallversicherung abschließen. Es gibt für Gruppen spezielle Versicherer mit günstigen Tarifen.

Bei Unfällen treten der GUV oder die Unfallversicherung ein, wenn nicht grobe Fahrlässigkeit oder Vorsatz vorliegen und die Aktivität, die zum Unfall geführt hat, pädagogisch sinnvoll begründet war.

Ausrüstung der Kleinen

Die Kinder müssen wettergerecht gekleidet sein, da frierende oder durchnäßte Kinder lustlos sind und dann leichter krank werden.

Jedes Kind trägt in seinem wasserdichten Rucksack:

- Kleidung zum Wechseln: Unterwäsche, Strümpfe (sehr wichtig!)
- Isomattenstück als Sitzunterlage (Isomatten aus dem Kaufhaus in DIN A4-große Stücke schneiden)
- Frühstück, ein Brot und etwas Gemüse oder Obst in einer Dose und ein warmes oder kaltes Getränk, je nach Jahreszeit, in einer bruchsicheren Flasche oder Thermoskanne. Im Winter

wird die Flasche in das Isomattenstück gewickelt. Das hält zusätzlich Getränk und Matte warm.

- einen feuchten Waschlappen (zum Händewaschen)
- Plastiktüte für Abfälle oder gesammelte Sachen
- wo vorhanden: Messer, Lupen, Bestimmungsbücher etc.

Regenkleidung:

- Regenhose und eine gute regendichte Jacke (nicht aus dünnem Nylon)
- Gummistiefel
- Hut (z.B. Südwester) oder eine große Kapuze, damit nichts in den Nacken laufen kann.

Sommerkleidung:

- Lange Hosen und langärmliges T-Shirt gegen Zecken und Brennesseln, ggf. Mütze
- feste Schuhe, am besten knöchelhohe, damit die Kinder guten Halt haben.

Winterkleidung:

- Schneeanzug oder -hose, warmer Anorak, Handschuhe, auch zum Wechseln und Mütze
- warme Winterstiefel oder gefütterte Gummistiefel
- (Funktions)Unterwäsche, die auch beim Schwitzen die Haut trocken hält.

Ausrüstung der Großen

Wir haben einen Handwagen bei uns, um den Transport der notwendigen Dinge zu erleichtern:

- eine große Plane, um bei Regen einen Platz abzuhängen, dazu kleine Schnüre zum Befestigen, Karabinerhaken
- Erste-Hilfe-Ausrüstung mit Zeckenzange, eine Decke (Wärmefolie)

- mobiles Telefon (soweit vorhanden) und eine Telefonliste der Eltern
- Ersatzkleidung für die Kinder
- Bergseile, Taue, Schnur
- Lupen, Becherlupen, Bestimmungsbücher
- Schnitzmesser
- Müllbeutel, Klopapier, Schaufel, Handtuch, Taschentücher
- Wasserkanister, Lavaerde zum Händewaschen

Unsere Kleidung entspricht der der Kinder, wetterfest und praktisch. Wer ernsthaft längere Zeit mit Kindern in den Wald gehen will, sollte an Kleidung und Ausrüstung nicht sparen. Notwendig sind Bergschuhe, Fleecepullover, Wachs- oder GoreTex-Jacken und Regenhosen.

Schlechtes Wetter

Unter „schlechtem Wetter“ ist nicht etwa Regenwetter zu verstehen, sondern eine Wetterlage, die für Menschen, die sich im Freien aufhalten, grundsätzlich gefährlich ist (starke Stürme und Temperaturen unter –10° C).

In diesen Fällen weichen wir auf ein „Schlechtwetterprogramm“ aus, das vorher für solche Fälle vorbereitet worden ist, z.B. ein Museumsbesuch. Am Vorabend werden die Eltern durch eine Telefonkette darüber verständigt.

Unser Waldklo

Alle Kinder gehen gerne auf unser „Waldklo“. Sie dürfen sich einen Baum aussuchen, der etwas abseits steht. Die kleineren Kinder werden abgehalten, die Größeren erledigen ihr „Geschäft“ selbständig. Bei größeren Bedürfnissen graben wir vorher ein kleines Loch, über das sich die Kinder hocken. Hinterher wird es mit Erde zugedeckt und mit einem Ast oder ähnlichem gesichert.

Unsere Erfahrung zeigt aber, daß der Drang und somit auch der Andrang der Kinder sich im Wald in Grenzen hält.

Abfälle

Im Wald gilt grundsätzlich für ErzieherInnen und Kinder gleichermaßen: Jede/r nimmt den eigenen Müll wieder mit nach Hause. Wir haben einen Müllbeutel im Gepäck, damit herumliegende Reste eingesammelt werden können, falls sich nicht gleich über die „Schuldigen“ geeinigt werden kann. Die Eltern sollten gebeten werden, ein abfallarmes Frühstück mitzugeben, d.h. Brotdose und Trinkflasche.

Erste Hilfe in Notfällen

Wo Gefahr ist, da wächst das Rettende auch.
(Hölderlin)

An dieser Stelle soll zunächst betont werden, daß nach unseren Erfahrungen im Vergleich zu „normalen“ Kindergärten genauso viele, wenn nicht sogar weniger Unfälle vorkommen.
Im Wald kann es zu kleineren Verletzungen wie Schürfwunden und Kratzern kommen. Deswegen müssen die Kinder auf alle Fälle eine Tetanus-Schutzimpfung haben. Natürlich haben wir auch unseren Erste-Hilfe-Kasten dabei.
Auch für schwerere Notfälle muß vorgedacht werden: Wenn möglich, sollte ein Mobiltelefon vorhanden sein, um Hilfe zu rufen. Wenn das nicht möglich ist, sollten Anwohner vorab angesprochen bzw. passendes Geld oder Telefonkarte mitgenommen werden. Eine Liste der Telefonnummern der Eltern und wichtiger Notrufnummern (Rettungswagen, Vergiftungszentrale etc.) gehört dazu.
Eine weitere Gefahr sind giftige Pflanzen. Hier gilt die Regel: Es darf nichts gegessen werden, was im Wald wächst (s. S. 40: „Fuchsbandwurm“). Wenn es aber doch zu einer Vergiftung gekommen ist, muß auf jeden Fall ein Pflanzenteil zur Bestimmung ins Krankenhaus mitgenommen werden. Sinnvoll ist es natürlich, sich vorher (z.B. beim Förster) über giftige Pflanzen im Wald zu informieren und Vergiftungssymptome zu kennen.

Infektionskrankheiten

Die Infektionskrankheiten Tollwut, Befall durch Eier des Kleinen Fuchsbandwurmes, Frühsommer-Hirnhauterkrankung (FSME) und Borreliose sind sehr ernstzunehmende Krankheiten. Wie bei jeder Infektionskrankheit erfolgt die Infektion aber nur unter bestimmten Bedingungen. Durch wirksame Verhaltensregeln können die Bedingungen für eine Infektion erschwert und das Risiko damit minimiert werden.

Die Gefahr der *Tollwut* ist gering. In den letzten 20 Jahren gab es in Deutschland keinen Tollwutfall beim Menschen! Die präventive Impfung ist mit neuen Wirkstoffen mittlerweile sehr gut verträglich. Aber selbst nach einer erfolgten Infektion ist eine nachträgliche Impfung möglich, da die Entzündung sich extrem langsam entlang der Nervenbahnen entwickelt.

Eine Infektion mit den Eiern des *kleinen Fuchsbandwurmes* kann nur über den Mund erfolgen. Mit der Regel, vor jeder Mahlzeit im Wald die Hände gründlich zu waschen und dem Verbot, Beeren und Früchte des Waldes zu verzehren oder Tierkadaver anzufassen, kann die Gefahr minimiert werden.
Obwohl der Mensch für den Fuchsbandwurm einen schlechten Zwischenwirt darstellt und viele Infektionen nicht zum Krankheitsausbruch führen, wird wegen der Schwere der möglichen Erkrankung auf die Einhaltung dieser Regeln besonders geachtet.

Da die Eier bei etwa 50°C absterben, ist die Verwendung der Beeren für Kompott oder Marmelade dagegen gefahrlos möglich.

Zecken sind von etwa März bis September im Wald allgegenwärtige Plagegeister. Sie lassen sich jedoch entgegen landläufiger Meinung nicht hinterlistig von Bäumen herabfallen. Vielmehr verharren sie bei Temperaturen über 7°C mit gespreizten Vorderbeinen auf Sträuchern oder Gräsern und werden von dort passiv abgestreift. Auch dann stechen Zecken nicht sofort, sondern oft erst nach Stunden, nachdem sie auf der Haut zu den Leisten oder Achselhöhlen gewandert sind.
Der wirksamste Schutz gegen Zeckenstiche ist folglich, die Zecke durch Kleidung von der Haut abzuhalten. Ansonsten verhindert

frühes Absuchen der Haut nach einem Waldbesuch in der Regel den Einstich.
Ist es dennoch dazu gekommen, muß die Zecke beim Entfernen mit der Pinzette vor dem Hinterleib gepackt werden, da die Speicheldrüse der Zecke im Hinterleib sitzt. Ein in der Haut verbleibender Teil des Stechapparates ist dagegen unschädlich und löst sich nach einigen Tagen.
Präventive Impfung gegen FSME ist mit geringem Komplikationsrisiko möglich. Eine nachträgliche passive Impfung führt dagegen bei Kindern zu deutlich schwererem Infektionsverlauf.

Die Durchseuchung der Zecken mit Borrelien ist ungleich höher als bei der FSME. Dafür werden die Erreger meist erst einen Tag nach dem Einstich übertragen. Schnelles Absammeln der Zecken ist hier also besonders erfolgversprechend.

Es gibt verschiedene Krankheitsstadien:

1. ca. 2-4 Wochen nach Einstich: Hautrötung, Fieber und grippeähnliche Beschwerden.

2. ca. 3-6 Monate nach Einstich: Entzündung des Nervensystems und der Gelenke, Sehstörungen, starke Kopfschmerzen.

3. ca. 6-12 Monate nach Einstich: atopische Hauterkrankungen bis hin zur Lähmung.

Da eine Therapie der Erkrankung mit Medikamenten im Frühstadium gut möglich ist, sollten die Eltern Zeckenstiche in einem Kalender notieren und die Stellen von Zeit zu Zeit kontrollieren.

Auf alle Fälle sollte beim Auftreten verdächtiger Symptome ein Arzt aufgesucht werden.

Zusammenfassend gelten folgende Verhaltensregeln, die unbedingt befolgt werden müssen:

- Nichts, was im Wald wächst, darf verzehrt werden, egal, ob es normalerweise eßbar ist, als ungenießbar gilt oder giftig ist. Außerdem darf das Wasser aus Bächen, Tümpeln und Pfützen nicht getrunken werden.

- Tierkadaver und Kot dürfen nicht angefaßt werden.

- Das ganze Jahr über sind langärmlige Kleidung, lange Hosen und eine Kopfbedeckung zu tragen. Nach dem Kindergarten müssen die Kinder von ihren Eltern nach Zecken abgesucht werden.

El und Öffentlichkeit

Elternarbeit

Weil unsere Kinder unsere einzige reale Verbindung zur Zukunft sind, und weil sie die Schwächsten sind, gehören sie an die erste Stelle der Gesellschaft.

(Olof Palme)

Die Elternarbeit ist zu einem wichtigen Bestandteil der pädagogischen Arbeit geworden und ist heute aus einem sinnvollen Konzept nicht mehr wegzudenken.
Wir sprechen immer von einer „veränderten Kindheit" und bedenken dabei nicht, daß sich auch das „Elternsein" verändert hat. Jungen Eltern fehlt oft der Rückhalt der Familie. Sie sind schon selbst als Einzelkind aufgewachsen oder kommen aus einer Scheidungsfamilie, so daß ihre Eltern keine Vorbildfunktion mehr für sie haben.

Wurde früher die Beschäftigung mit kleinen Kindern, das Eingehen auf ihre Bedürfnisse oder nur das Erledigen des Haushaltes automatisch von einer Generation zur nächsten weitergegeben, so fühlen sich heute junge Eltern eher verunsichert und überfordert. Sie können sich nur schwer auf die neue Situation „Eltern zu sein" einstellen und erfahren in ihren Familien kaum Unterstützung.

Erschwerend kommt hinzu, daß sie in ihrem Wohnumfeld wenig Menschen in der gleichen Situation treffen, mit denen sie sich austauschen können, und die sie vielleicht einmal bei der Kinderbetreuung entlasten.
Auch Eltern erfahren Verinselung, vielfach geht der alte Freundeskreis auseinander und erst langsam baut sich ein neuer Kreis von jungen Familien mit Kindern auf.
Besonders Frauen, die in ihren Beruf pausieren, um ihr Kind zu betreuen, fallen in ein tiefes Loch ohne soziale Kontakte. Sie fühlen sich als der Chauffeur ihrer Kinder, zunächst mit dem Kinderwagen um den Block, später mit dem Auto zu Angeboten und Verabredungen. Sie erfahren keine Anerkennung, fühlen

sich abgewertet und meinen, sich vor der Gesellschaft verteidigen zu müssen.

Mit dem Kindergarteneintritt verknüpft daher jede Familie die vielfältigsten Wünsche. Das Kind soll sich wohlfühlen, das Konzept soll zusagen, die Öffnungs- und Betreuungszeiten sollen sich individuell der Familiensituation anpassen und vor allen Dingen soll die Familie entlastet und nicht belastet werden.
Dieses und vieles mehr erwarten Eltern vom Kindergarten und von den ErzieherInnen. Oft fühlen sich diese von den Erwartungen überfordert und reagieren mit Abwehr auf die Wünsche der Eltern, oder sie sind schockiert, daß manche Eltern, die zufrieden sind mit der Betreuung, wenig Interesse an ihrer konkreten Arbeit zeigen.

Dabei erfordert gerade die künftige Kindergartensituation eine individuell abgestimmte und sensible Elternarbeit. Aufgrund des Rechtsanspruches sind vielerorts genügend Kindergartenplätze geschaffen worden, so daß Eltern eine gewisse Wahl haben. Dies ist in Niedersachsen eine neue und ungewohnte Situation, wenn man bedenkt, daß früher möglichst vor der Geburt angemeldet werden mußte, wenn man überhaupt einen Kindergartenplatz ergattern wollte. Viele Eltern verunsichert dies aber auch: Gibt es Unterschiede zwischen den Einrichtungen? Und wie können Eltern erfahren, welche Einrichtung für sie die Richtige ist? Dies transparent zu machen, wird immer mehr Aufgabe der Kindergärten werden. Sie müssen aufzeigen, wo ihre Stärken liegen und was sie bereit sind für die Familien zu tun. Daß heißt, die ErzieherInnen müssen sich jeder einzelnen Familie annehmen, sich in sie hineinversetzen und sie unterstützen. Dies wird sich in Zukunft nicht nur auf pädagogische Probleme beschränken, sondern alle Lebensbereiche betreffen.
Pauschalisierungen wie „die Eltern“ helfen uns nicht auf dem Weg zu einer guten Zusammenarbeit, sondern behindern uns. In unserer Praxis haben wir immer wieder festgestellt, daß die meisten Eltern miteinbezogen, informiert und gefragt werden möchten. Natürlich interessieren und engagieren sie sich individuell stark. Aber auch Eltern, die, wie es uns scheint, kein Interesse an unsere Arbeit zeigen, haben ein Recht auf Informationen.
Elternarbeit ist auch ein Wechselspiel: Je mehr man Eltern mit-

einbezieht, desto stärker fühlen sie sich mit „ihrem Kindergarten“ verbunden und sind eher bereit, sich für pädagogische Belange einzusetzen.

Elternarbeit bekommt damit einen umfassenderen und größeren Stellenwert in der täglichen Arbeit. Dies unseren Trägern zu verdeutlichen ist eine andere wichtige Aufgabe, denn familienergänzend kann man nur arbeiten, wenn mehr Fachpersonal und Verfügungszeit vorhanden ist.
Letztlich ist eine gute Elternarbeit die beste Werbung für einen Kindergarten.

Natürlich ist in Waldgruppen freier Träger (wie z.B. Sportvereine, Familienbildungsstätten) die Elternarbeit ein nicht so umfassendes Thema. Trotzdem gilt auch hier, daß die Eltern generell informiert und zur Mitarbeit aufgefordert werden müssen.

Planung

Kinder hinterlassen Spuren.
Erwachsene hinterlassen Spuren
– auch bei Kindern.

(Louis Voellmy)

Als erstes sollte man im MitarbeiterInnenkreis die Checkliste (s. Seite 99) durchgehen und alle Fragen, soweit möglich, klären. Hierbei sollten nicht nur die Interessen der Kinder, sondern auch die Situationen einzelner Eltern berücksichtigt werden.

Gerade im Hinblick auf die Frage, ob regelmäßige Waldtage oder eine einmalige Waldwoche durchgeführt werden, ist die häuslichen Situationen relevant. Denn sind in vielen Familien beide Elternteile berufstätig und liegt der Wald so weit weg, daß er nicht zu Fuß erreicht werden kann, wird man diese Eltern kaum für einen regelmäßigen Waldtag begeistern können, an dem sie ihre Kinder zum Wald bringen und wieder abholen müssen. Zu einer einmalige Aktion oder gar für eine Waldwoche wären die Eltern vielleicht eher bereit.

Wenn diese Fragen im Team geklärt sind, kommt der zweite Schritt: Wie mache ich das Projekt den Kindern und Eltern transparent?

Es müssen zwar nicht alle von der Idee begeistert sein, doch sollten sie die Aktion gutheißen und mittragen.

Wenn sie in das Projekt WALD einsteigen möchten, finden Sie hier Anregungen zu folgenden Punkten:

1. Elternbrief
2. Elternabend
3. Eltern-Kind-Nachmittag
4. Öffentlichkeitsarbeit: Informationen über Waldkindergärten und -gruppen aushängen/Artikel sammeln, Vorstellung des Projekts

1. Elternbrief

Zusätzlich zur Information beim Elternabend besteht die Möglichkeit, Elternbriefe zu schreiben. Dies hat den Vorteil, daß alle Familien noch einmal die wichtigen Informationen schriftlich bekommen. Das hilft Eltern, sich zu erinnern und Absprachen einzuhalten. Außerdem ist der Elternbrief als Form der Öffentlichkeitsarbeit eine zusätzliche Motivation und bezieht die Eltern in das Geschehen ein. Ein Beispiel finden Sie im Anhang Seite 100.

2. Elternabend im Kindergarten

1. Beispiel

Einstieg:

- Nach der Begrüßung bilden die Eltern zwei Gruppen:
- Die erste Gruppe überlegt: „Was haben wir früher gespielt? Wo haben wir gespielt?"
- Die zweite Gruppe bespricht: „Was spielen die Kinder heute? Wo spielen die Kinder?"
- Die Ergebnisse werden in den Gruppen auf Wandzeitungen festgehalten.

Um die Eltern ins Gespräch zu bringen, können Impulse durch Fotos, Zeitungsartikel, Sinnsprüche oder Spielgeräte gegeben werden.

Hauptteil:

- Die beiden Gruppen kommen wieder zusammen und stellen sich gegenseitig ihre Ergebnisse vor. Nach einer kurzen Diskussion wird übergeleitet zu einem
- Referat über die geänderten Lebensbedingungen unserer Kinder, die daraus resultierenden Probleme (Bewegungsmangel, fehlende Sinnesreize) und die Waldgruppe als pädagogische Antwort.
- Das Projekt „Wald“ wird im einzelnen vorgestellt. D.h. über Vor- und Nachteile, über die praktischen Abläufe informieren. Auf Gefahren im Wald hinweisen. Die notwendige Ausrüstung möglichst mit praktischen Beispielen vorstellen.
- Organisatorische Fragen und Probleme klären
- Den Eltern eine Checkliste mit allen wichtigen Punkten geben.

Schluss:

- Etwas Praktisches, eine gemeinsame Aktivität.
- Ein gemeinsames Webbild aus Naturmaterialien erstellen (das den Kindergarten verschönert).
- Eine Waldmütze für jedes Kind bemalen, bedrucken etc. als Einstimmung und um Vorfreude zu erzeugen.

2. Beispiel

Einstieg:

- Wir machen eine Reise zu den „Planeten der Sinne“.
- Dies erfordert viel Platz, am besten eignet sich eine Turnhalle, weil man dort auch die nötigen Materialien findet.
- Unser Raumschiff ist ein Schwungtuch, das wie ein Zelt über uns ist, man sitzt auf den Enden. Der Countdown zum Start des Raumschiffs lautet:
  Knall, knall, knall,
  wir fliegen jetzt ins All,
  der Countdown läuft
  5, 4, 3, 2, 1 – Null

- So fliegen wir gemeinsam zum akustischen, visuellen, taktilen, vestibulären, ... Planeten.
- Auf diesem Planetem finden z.B. Kimspiele statt, die etwas mit dem Thema Wald zu tun haben (z.B. auf dem akustischen Planeten Geräusche von Waldtieren erkennen oder nachahmen).

Es würde den Rahmen eines Elternabends sprengen, wenn man auf alle Planeten fliegt. Man sollte sich auf ein oder zwei Planeten vorbereiten.

HAUPTTEIL:

Die Überlegung ist, welchen Planeten fliege ich an, um den Eltern Wald näherzubringen.
Damit der theoretische Teil nicht so trocken wird, kann man vor oder nach jedem Flug den pädagogischen Hintergrund erläutern.

- Das Projekt „Wald“ wird im einzelnen vorgestellt:
  d.h. informieren über
  1. die Vor- und Nachteile
  2. die praktischen Abläufe
  3. Gefahren im Wald
- Die notwendige Ausrüstung möglichst mit praktischen Beispielen vorstellen.
- Organisatorische Fragen und Probleme klären
- Den Eltern eine Checkliste mit allen wichtigen Punkten geben.

SCHLUSS:

Baumspiel: (nach J. Cornell)

Das Ziel ist es, daß die gesamte Gruppe einen Baum darstellt.

Das *Kernholz* bilden zwei bis drei große, kräftige Teilnehmer. Sie stellen sich Rücken an Rücken.
„Das Kernholz gibt dem Baum einen festen Halt.“
Die *Pfahlwurzeln* werden von weiteren TeilnehmerInnen dargestellt. Sie setzten sich zu Füßen des Kernholzes mit dem Gesicht nach außen.

„Die Pfahlwurzeln verankern den Baum in der Erde und beliefern ihn mit Wasser (bis zu 10 Meter tief in der Erde)."
Die *Seiten-* oder *Feinwurzeln* werden am besten von langhaarigen TeilnehmerInnen dargestellt. Sie legen sich mit dem Rücken auf den Boden, die Beine zu den Pfahlwurzeln, den Körper vom Baum weggestreckt.
„Diese Wurzeln saugen das Wasser in der Nähe auf. Alle Wurzeln gemeinsam sind für die Versorgung des Baumes zuständig, sie sagen 'Schlürf'".
Für das *Splintholz* benötigt man so viele TeilnehmerInnen, daß um das Kernholz ein Kreis gebildet werden kann. Man steht mit dem Gesicht nach Innen und hält sich an den Händen fest.
„Es transportiert das Wasser überall in den Baum. Das wird durch ein 'Hui' verdeutlicht."
Die *Bastschicht* bildet ein zweiter Kreis um das Splintholz. Die TeilnehmerInnen wenden sich mit dem Gesicht nach innen und halten sich an den Händen fest.
„In der Bastschicht werden die umgewandelten Nährstoffe transportiert. Sie stellt die Äste und Blätter dar. Ihr streckt die Arme und Hände nach oben und außen und sprecht dazu 'Mmh'."
Der Rest der Gruppe ist die Rinde und stellt sich schützend um den Baum. Mit Grimassen und wilden Armbewegungen werden die Feinde des Baumes abgewehrt.

Den Text in Anführungsstrichen spricht die Leiterin.

Nun beginnt der Baum zu arbeiten. Die Wurzeln beginnen, mit einem herzhaften „Schlürf", Wasser anzusaugen. Danach transportiert das Splintholz mit einem „Hui" das Wasser nach oben und hebt gleichzeitig die Hände hoch. Die Spieler der Bastschicht beenden den Vorgang mit „Mmh". Der Baum lebt.

Während die verschiedenen Baumteile nun ihren Aufgaben nachgehen schwirrt plötzlich ein *Borkenkäfer* (=LeiterIn) heran. Sein Ziel ist es, in den Baum einzudringen, ihn zu schädigen. Die Mitglieder der Rinde halten ihn natürlich von seinem Vorhaben ab. Der lebendige und gesunde Baum gewinnt.

Anschließend löst sich der Baum langsam auf.

Nun kann man eine Becherlupe mit einem echten Borkenkäfer herumreichen. Fast jedes Forstamt hat Borkenkäferfallen aufgestellt und hilft bestimmt bei der Beschaffung der Tiere.

3. Beispiel

Der Elternabend im Wald
Treffpunkt ist das Waldstück, in das auch später die Kindergruppe geht. Bei Kerzenschein und Glühwein lassen sich viele Dinge besprechen. Fragen zur Kleidung der Kinder erübrigen sich, da die Eltern den Wald selbst „mit allen Sinnen" erleben.
Bei schlechtem Wetter baut man mit den Eltern ein Regenzelt aus Planen und Ästen, so daß der Elternabend nicht „ins Wasser fallen" muß.

3. Der Eltern-Kind-Nachmittag

Eine Alternative zum Elternabend ist der Eltern-Kind-Nachmittag. Viele Eltern haben Erinnerungen an ihre eigene Kindheit, in der sie noch unbeaufsichtigt in der Natur spielen konnten. Diese Erinnerungen kann man am besten aufleben lassen, wenn man mit Eltern und Kindern zusammen aktiv wird.
Hier wird aufgezeigt, welche elementaren Erfahrungen im Wald vermittelt werden.

So kann man eine kleine Wanderung mit Picknick machen und dabei verschiedene Dinge anbieten:

- Hütten bauen
- klettern und balancieren
- Sammeln von Farben und Formen
- Tiere beobachten
- Basteln mit Naturmaterialien
- Anlegen eines Fühlpfades

Diese für Eltern neu erfahrenen Erlebnisse verdeutlichen den Verlust, den ihre Kinder heute hinnehmen müssen.

Alle nötigen Informationen müssen für die Eltern aufgeschrieben und ihnen mitgegeben werden. Dieses Infoblatt sollte neben den organisatorischen Punkten auch einige pädagogische Hintergründe darstellen.

4. Öffentlichkeitsarbeit

Es nicht nur wichtig, schöne Projekte durchzuführen. Es ist genauso wichtig, sie für die Eltern und die Öffentlichkeit zu dokumentieren. Eltern und Interessierte können so am Kindergartengeschehen teilnehmen, sich informieren und austauschen.

Für das Waldprojekt gibt es verschiedene Möglichkeiten der Dokumentation. Wir möchten einige vorstellen:

- Am Anfang steht die Erstellung des eigenen Profils. (Was wollen wir, wo liegen unsere Stärken, was trennt uns von anderen?)
- Um unser Erscheinungsbild zu unterstützen haben wir uns ein Logo überlegt, das auf allen Elternbriefen, Gemeindebriefen, Ausstellungen und Wandzeitungen immer wieder auftaucht. Es ist wie ein Signal, das auf die wichtigen Dinge aufmerksam macht.
- Wir haben Zitate, Gedichte, Sprüche zum Thema Wald, Bewegung und Sinneserfahrung gesammelt, um damit unsere schriftliche Arbeit zu untermauern.
- Wir haben immer einen Fotoapparat im Wald dabei, die Bilder werden veröffentlicht und können nachbestellt werden. (Eine Videokamera wäre auch eine Möglichkeit. Der Film kann bei einem Elternabend gezeigt werden.)

Mit den Bildern gestalten wir Ausstellungen mit selbstgeschriebenen Texten. Dazu kommen Artikel aus Fachzeitschriften. Dies zeigt gerade kritischen Eltern die Aktualität des Themas in der Fachöffentlichkeit.

- Ein Artikel mit Bildern der Kinder und Fotos in der Elternzeitung des Kindergartens.
- Eine andere Möglichkeit der Darstellung ist die Ausstellung im Wald. So können wir mit den Kindern z.B. ein Sinnespfad anlegen oder Waldgeister basteln. Zu der Ausstellung können dann alle Eltern, aber auch Vertreter des Trägers und des öffentlichen Lebens eingeladen werden.

- Die Transparenz nach außen wird immer wichtiger, da jeder Kindergarten sein eigenes Profil erarbeiten muß. Man sollte nicht die Gelegenheit verstreichen lassen, das zu tun. Ein kleiner Artikel z.B. im Gemeindeblatt der Kirchengemeinde oder in der Tageszeitung macht relativ wenig Arbeit, erzielt aber eine große Wirkung in der Öffentlichkeit. Wer nicht selbst schreiben möchte, kann einen Reporter einladen (Beachtet werden müssen aber dabei immer etwaige Dienstanweisungen des Trägers zur Öffentlichkeitsarbeit und zum Kontakt mit den Medien.).

Je häufiger Dokumentationen erstellt werden, desto leichter fällt diese Arbeit. All diese Arten der Darstellung machen Mühe, die in der vielerorts zu knappen Verfügungszeit erledigt werden muß. Sie wertet jedoch unsere pädagogische Arbeit auf und verschafft uns damit Anerkennung und Selbstvertrauen.

Praktisches

Was man so mitnimmt

Vorweg gesagt: Nicht alles, was hier beschrieben ist, ist unbedingt lebensnotwendig. Es geht auch immer eine Nummer kleiner.

Auf dem Leib und auf dem Rücken

Wetter direkt und hautnah zu erfahren, ist für viele ein neues Erlebnis. Wer es nicht ausprobiert hat, kann sich vier Stunden draußen bei Regen, Wind und Temperaturen knapp über dem Gefrierpunkt nicht vorstellen. Probieren Sie es einmal aus, bevor sie mit Kindern in den Wald gehen. Wandern Sie einmal einen Nachmittag bei möglichst schlechtem Wetter durch den Wald, wenn möglich, abseits befestigter Wege. Sie werden sehr schnell feststellen, was Ihre Kleidung und Ihre Schuhe taugen. Denken Sie auch daran, daß sich im Wald vor allem die Kinder bewegen, während Sie doch häufiger herumstehen. Deswegen: Lieber etwas mehr anziehen (Zwiebelschalenprinzip: lieber mehrere dünne als eine dicke Schicht), ausziehen kann man immer etwas.

Die *Schuhe* sollten warm, trittsicher und wasserdicht sein. Diese Voraussetzungen erfüllen eigentlich nur Bergstiefel. Da sollten es auch lieber die etwas teureren Markenprodukte sein. Ständig kalte Füße sind das Sonderangebot nicht wert. Lederbergstiefel brauchen ständige Pflege. Sie müssen häufig kräftig eingefettet werden. Das Design leidet dann zugunsten der Rustikalität, aber nur gefettete Schuhe bleiben wasserdicht und geschmeidig. Die tollen Imprägniersprays helfen überhaupt nicht. Zwar wird beim Einatmen die Lunge versiegelt, auf Schuhen hält der Effekt aber nicht lange vor und das Leder wird schnell rissig. Ideal für den Winter sind Stiefel von Sorel. Die trägt auch der Trapper in Alaska.

Nach langen Gore- und SympaTex-Jahren sind wir inzwischen wieder bei einfachen *Wachsjacken* gelandet. So toll sich das auch immer in der Werbung anhört: eine klatschnasse GoreTexjacke trägt sich einfach unangenehm. Die wasserdichte Schicht liegt

innen und der Außenstoff saugt sich ordentlich voll. Der vielgerühmte Abtransport von Schweiß durch die Membran funktioniert auch nur, wenn es außerhalb der Jacke trockener ist als drinnen. Bei feuchter Luft und Regen transportiert gar nichts. Und vor allem: Eine Jacke für fünfhundert Mark mit Harzflecken zu verzieren oder an spitzen Ästen aufzureißen ist auch nicht jedermanns Sache.
Wachsjacken sind dagegen preiswert (besonders wenn man sie im Ausverkauf oder bei einer Messe kauft) und tragen sich besonders bei schlechtem Wetter angenehm. Allerdings müssen sie gepflegt werden. Einmal im Jahr ist ein neuer Wachsauftrag fällig. Am besten geht das im Hochsommer in praller Sonne. Dann ist das Wachs schön weich und zieht schnell ein (Wer sich die tatsächlich anstrengende und langwierige Arbeit ersparen will, kauft das Wachs in der Spraydose.). Bei dunklen Wolken am Himmel gehört auch eine *Regenhose* ins Gepäck. Auch hier ziehen wir aus praktischen Gründen die billigere Kunststoffversion vor. Aber eins muß sie sein: wasserdicht.

Auch die Kinder brauchen bei schlechtem Wetter (und vor allem dann, wenn es matschig ist) eine gute *Regenjacke* und eine *Plastik-Buddelhose*, die bis zur Brust reicht. Der Praxistest hat gezeigt, daß die teure finnische Variante (z.B. von Jako-O) gegenüber Produkten aus China (bei H&M fürs halbe Geld) keinerlei Vorteile besitzt. Allerdings sind die finnischen Hosen und Jacken PVC-frei.

Als *Trinkflaschen* besonders geeignet sind 0,4l-Aluflaschen der Firma Sigg – und zwar die mit dem speziellen Kinder- und Radfahrer-Trinkaufsatz. Sie stehen fest auch auf unebenem Boden und laufen nicht sofort aus, wenn sie einmal umfallen. Im Winter werden die Flaschen in die Isomatte gewickelt oder in einen Ersatzhandschuh gesteckt. So bleibt das Getränk schön warm. Die „normalen“ Sigg-Flaschen mit Schraubverschluß sind weniger geeignet. Der Verschluß saugt sich nach einiger Zeit fest und ist ohne Hilfsmittel nicht mehr zu öffnen (Bergsteiger schieben einen Karabinerhaken durch den Ring, dann geht's.). Plastikflaschen sind dagegen völlig ungeeignet. Besonders warmen Getränken vermitteln sie ein unverkennbares „Aroma“. Außerdem zerbrechen sie leicht, wenn man sich aus Versehen draufsetzt.

Rucksäcke brauchen zwei Eigenschaften: sie müssen wasserdicht und bequem sein. Wichtig für die Erwachsenen sind Seitentaschen für den ganzen Kleinkram, damit nicht für jedes Taschentuch oder Pflaster die große Wühlerei startet.

Kleines ganz groß: Lupen

Immer wieder ist es spannend, kleine Tiere oder den Waldboden mit einer Lupe zu untersuchen. Handlupen sollten ein großes Sichtfeld haben und gehören hinterher sofort wieder in die Schutzhülle, um Verkratzen zu verhindern. Besonders bewährt haben sich Becherlupen, d.h. ein durchsichtiger Becher, der mit einem Lupenaufsatz verschlossen wird (Preis ca. DM 5.–). In der Becherlupe oder Lupendose können Spinnen, Käfer oder Fluginsekten in aller Ruhe betrachtet werden. Für Bodenproben oder Pflanzen kann die Lupendose als Transportbehälter dienen. Allerdings verkratzen die Becherlupen schnell. Mikroskope sind wegen des großen Aufwands für den Wald wenig geeignet. Mit der Vorstellung, Dinge zu sehen, die so klein sind, daß sie „mit bloßem Auge" nicht mehr erkennbar sind, können erst Schulkinder etwas anfangen.

Scharfe Sache: Messer

Vor Messern braucht niemand Angst zu haben. Richtig benutzt, kommen Verletzungen praktisch nicht vor. Natürlich müssen beim Umgang mit Messern Regeln eingeführt und eingehalten werden, z.B. „Messer werden nur im Sitzen benutzt und vor dem Aufstehen wieder weggepackt. Messer dienen nur zum Schnitzen und Schneiden. Dabei wird das Messer immer vom Körper weg geführt.“

Messer müssen immer so scharf wie möglich sein. Gerade von stumpfen Messern gehen Gefahren aus. Es muß z.B. beim Schnitzen große Kraft aufgewendet werden, um einen Span abzubekommen. Löst sich der Span, sausen Arm und Messer mit voller Kraft weiter ... Zum Schärfen werden Messer auf einem Stein mit Wasser oder Öl geschliffen und danach mit einem Stahl „abgezogen“. Lassen Sie sich das mal von Fachleuten zeigen.

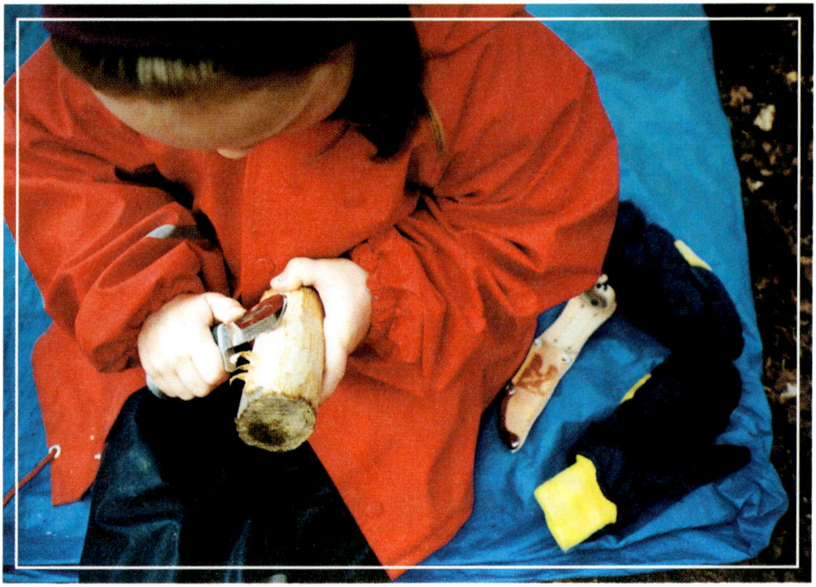

Ideal sind samische Kindermesser von Jisakki Jervenpää Oy aus Kauhava, Finnland. Diese Messer sind allerdings sehr teuer (ca. 50 DM) und nur in wenigen Outdoor-Läden (und bei Jako-O) zu bekommen. Überall gibt es aber Messer von Opinel. Sie sind preiswert (ca. 10-25 DM), es gibt sie in verschiedenen Größen, und die Klingen sind von in der Preislage sonst unerreichter Qualität. Die rostfreie Variante ist pflegeleicht, die Eisenvariante läßt sich schärfer schleifen und hält die Schärfe auch länger, muß aber gepflegt werden (abwischen, einfetten), sonst rostet sie. Die einfachste Lösung, mit der man sich auch garantiert nicht verletzen kann, sind Kartoffelschälmesser. Damit können Kinder einfache Schnitzarbeiten ausführen. Leider verbiegen, besonders bei den billigeren Ausführungen, die Klingen relativ leicht.

Zoom it: Ferngläser

Größere Tiere, die mit dem Fernglas beobachtet werden können, werden wir kaum treffen. Wenn wirklich einmal ein Hase oder Vogel dem Kinderlärm trotzt, bleibt er kaum lange genug an Ort und Stelle. Bis die Kinder das Tier mit dem Fernglas gefunden und das Scharfstellen bewältigt haben, ist es längst zu spät. Deswegen lohnt es kaum, Ferngläser mit in den Wald zu nehmen. Ausreichend, letztlich aber nur ein Spielzeug, ist ein preiswertes Taschenfernglas.

Welcher Hamster ist das? – Bestimmungsbücher

Kinder sind neugierig und wollen gerne wissen, wie die Käfer, Spinnen oder Pilze, denen sie begegnen, denn nun heißen. Wir wimmeln die Kinder nicht ab und wissen (sowieso) nicht alles, aber wir haben Bestimmungsbücher. Nicht die niedlichen Kin-

derversionen, sondern die ganz normalen (Kosmos-Bücher sind meist die Besten). Dort können die Kinder anhand der Bilder selbst nachschauen. Wir haben eher dünne Spezialbände als dikke Wälzer. So können wir je nach Saison das passende einpacken (im Frühjahr gibt es keine Pilze, im Winter keine Käfer).

Unter Dach und Fach: Regenzelte

Bei Regen ist es angenehm, wenigstens im Trockenen frühstükken zu können. Dazu braucht es Regenzelte. Die einfachste Version für kleine Gruppen ist ein altes Doppeldachzelt. Das Innenzelt bleibt zu Hause, das Außenzelt wird mit passendem Gestänge schnell aufgebaut. Im Waldboden halten die üblichen Miniheringe manchmal nicht. Da müssen dann Stöcke helfen. Für größere Gruppen geeignet ist eine Plane aus dem Baumarkt. Es gibt sie in verschiedenen Größen (3x4, 6x8, 10x12m, 6x8 ist prima) mit verstärktem Rand und Ösen zum Spannen. Einfach ein Seil in Kopfhöhe zwischen zwei Bäume spannen, die Plane dachförmig drüber, nach den Seiten abspannen – fertig. Der Versuch, die Plane an allen vier Ecken aufzuhängen führt meist dazu, daß sich in der Mitte das Wasser sammelt und irgendwann alles runterkracht, weil die Ösen ausreißen (falls der Wind das nicht schon erledigt hat). Geht man häufig an den gleichen Platz und liegt genug Altholz herum, bauen die Kinder meist Buden, die dann einfach bei Regen mit der Plane abgedeckt werden.
Natürlich gibt es auch luxuriösere Varianten, etwa Zeltdreiecke. Es gibt sie in Militärläden oder bei der Versandfirma Räer in Hildesheim. Die Dreiecke haben eine Basislänge von ca. 2,5 m und können mit Knopfleisten beliebig zusammengeknüpft werden. Allerdings braucht man schon 16 Stück (pro Stück 1kg Gewicht) für ein vernünftig großes Zelt und die Knüpferei dauert einige Zeit. Der Vorteil: man hat ein Zelt in passender Größe, das jeder Witterung trotzt und das Ganze hat außen Tarndruck. Dreiecksplanenzelte eignen sich so eher für große Aktionen mit Übernachtung oder für Wildbeobachtungsstationen.

Ohne Ende: Taue und Seile

Grundsätzlich: Seil altert. Schmutz, Benutzung und besonders Sonnenlicht und Frost führen zu schleichendem Qualitätsverlust. Deswegen sollten Seile nach der Benutzung gesäubert werden (mit lauwarmem Wasser und ganz wenig Waschpulver in der Badewanne), anschließend getrocknet und dunkel und frostfrei gelagert werden. Bei vielen Seilen ist auf der Packung ein „K-Wert“ angegeben. Dieser Wert bezeichnet ungefähr die Last in Kilogramm, die das Seil tragen kann. Das gilt aber nur für neue und gerade Seile. Alterung und jeder Knoten im Seil mindern die Bruchfestigkeit. Grundsätzlich sollten nur Seile mit einem K-Wert über 500 verwendet werden.

Taue und Seile gibt es in den verschiedensten Qualitäten und Ausführungen.
Wunderbar, allerdings auch unbezahlbar (rund 400 DM für 40m), sind Bergsteigerseile. Ihr Kunststoffkern ist mit Stoff umsponnen. Man verbrennt sich also nicht wie bei Plastikseilen die Hand, wenn man daran entlangrutscht. Durch ihren besonderen Aufbau „vertüddeln“ sie nicht. Bergsteiger mustern ihre alten Seile regelmäßig aus. Fragen sie beim Alpenverein oder in Outdoor-Läden nach gebrauchten Seilen. Für Aktivitäten im Wald reichen sie völlig aus, aber sie dürfen niemals und auf keinen Fall wieder als Sicherung beim Felsklettern benutzt werden! Normalerweise zerschneiden Bergsteiger aus diesem Grund ausgemusterte Seile in kleine Stücke. Wenn Sie doch ein Seil bekommen, tragen Sie Verantwortung dafür, daß es nur zum Spielen benutzt wird. Bergseile haben eine eingebaute Dehnung von ca. 20% und sind daher für Seilbrücken u.ä. weniger geeignet. Besser dafür sind dehnungsfreie, ansonsten aber gleiche Späologen-(Höhlenforscher-)Seile.

Eine preisgünstige Alternative sind Polypropylen-Seile aus dem Baumarkt. Es gibt sie entweder vom Meter oder billiger in 20m-Paketen. Nehmen Sie die dickeren orangefarbigen. Bei PP-Seilen gibt es einiges zu beachten: Die Seile müssen gleich gegen „Aufdröseln“ an den Enden gesichert werden. Wer das kann, spleißt die Enden. Ansonsten werden sie mit Tesa-Band umwickelt oder verschmolzen. Am besten geht das mit einer Lötlampe, eine Kerze tut es auch. Aber: draußen! Es stinkt etwas und flüssiges Plastik macht unangenehme Brandlöcher in Finger und Kleidung. Beim Entlangrutschen mit der Hand an PP-Seilen verbrennt man sich die Finger. Zwei PP-Seile sollten nur mit einem

Bandschlingknoten (s.u.) verbunden werden, wenn die Verbindung sicher (und nach dem Festziehen auch ziemlich unlösbar) sein soll. Kunststoffseile sind generell lichtempfindlich und altern durch UV-Strahlung. Sie sollten deshalb immer wieder einmal kontrolliert werden. Eine interessante Ergänzung sind Gurte – etwa Rolladengurte oder Spanngurte. Sie sind enorm reißfest. Mit Gurtschlingen können schnell Befestigungen an Bäumen oder Ästen gelegt werden (s.u.).

Seile aus Naturmaterialien (Hanf, Sisal, Kokos) sind zwar „öko", aber weniger geeignet. Sie müssen recht dick sein, um eine ähnliche Reißfestigkeit wie Plastikseile zu haben, nehmen Feuchtigkeit auf (und verlieren dadurch radikal an Reißfestigkeit), sind schwer und lassen sich schlechter knoten als Kunststoffseile. Völlig ungeeignet sind Wäscheleinen. Die kann man wirklich nur zum Wäscheaufhängen gebrauchen.

Verbunden für die Ewigkeit: Knoten

Ashley's Knotenbuch, die Bibel der Seilknüpperer, kennt rund 1.000 verschiedene Seilverbindungen und Knoten. Aber keine Sorge, ein paar Knoten zusätzlich zu dem, den Sie schon können, reichen aus, um mit Seilen und Karabinerhaken viele interessante Sachen zu bauen. Knoten sollten vorher geübt werden – mit einem Stück Schnur beim Fernsehen oder mit dem Schnürsenkel bei der Dienstbesprechung. Nur wenn Sie die Knoten „aus dem ff" können, werden Sie sie anwenden.

Der **Mastwurf** ist ein schneller Knoten, um ein Seil irgendwodran zu befestigen. Er hält bei Belastung und läßt sich ohne Last leicht wieder lösen. An die Dauerhaltbarkeit sollten aber keine hohen Ansprüche gestellt werden.

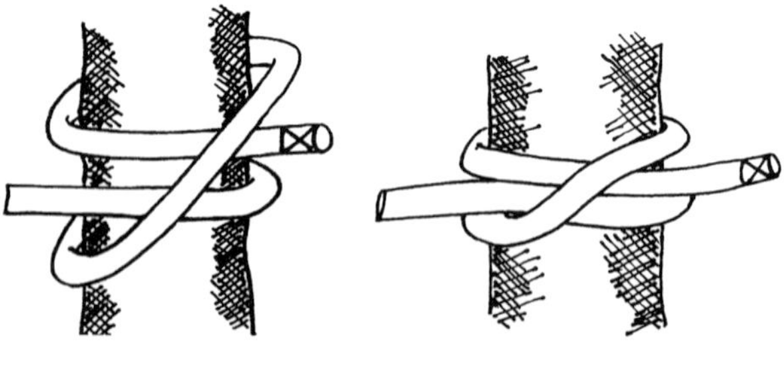

Der **Palstek** ist der Standardknoten, um eine Schlinge in ein Seilende zu machen oder das Seil um einen Baum zu binden. Er ist schnell gemacht und ist, nachdem fünf Kinder am Seil gehangen haben, auch wieder zu lösen.

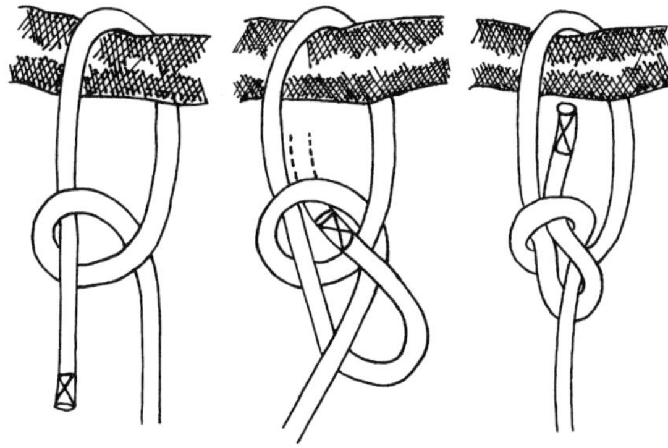

Kreuzknoten verbinden einfach und schnell zwei Seile. Dazu sollten Kreuzknoten aber nicht benutzt werden. Falsch gebunden, lösen sie sich unweigerlich und sehr haltbar sind sie auch nicht. Kreuzknoten sind aber die Basisknoten für Netze und Hängematten.

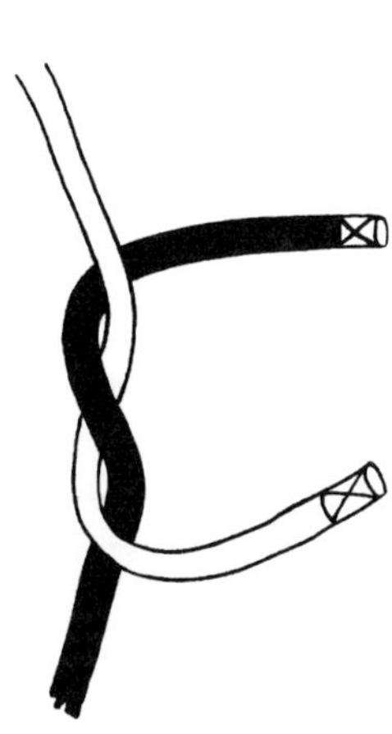

Besser geeignet zum Verbinden von zwei Seilen ist der **Bandschlingknoten.** Für Plastikseile und Gurt ist er ein Muß.

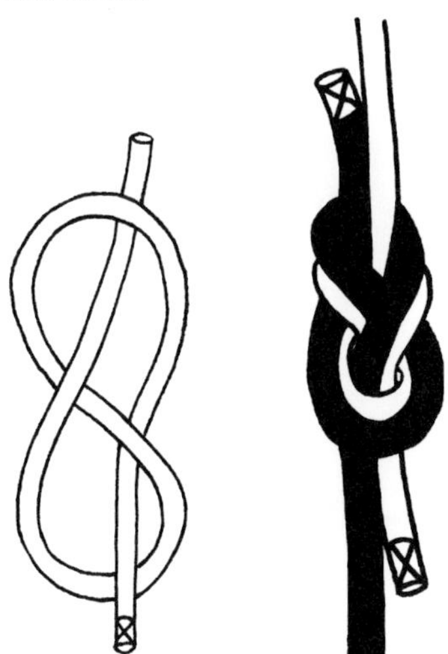

Festgezogene Bandschlingen gehen nur sehr schwer wieder auf.
Ein Stück Gurt mit einer Bandschlinge zum Ring gebunden, damit eine Schlinge über einen Ast – fertig ist der schnelle Befestigungspunkt, in den Schaukeln oder Strickleitern mit einem Karabiner gehängt werden können.

Professioneller ist die Prusikschlinge. Sie verhindert, daß die

Schlinge an einem senkrechten Pfosten oder an einem anderen Seil verrutscht.

Ein Seil straff zwischen zwei Bäume spannen? Mit einer **Zugschlaufe** geht das prima.

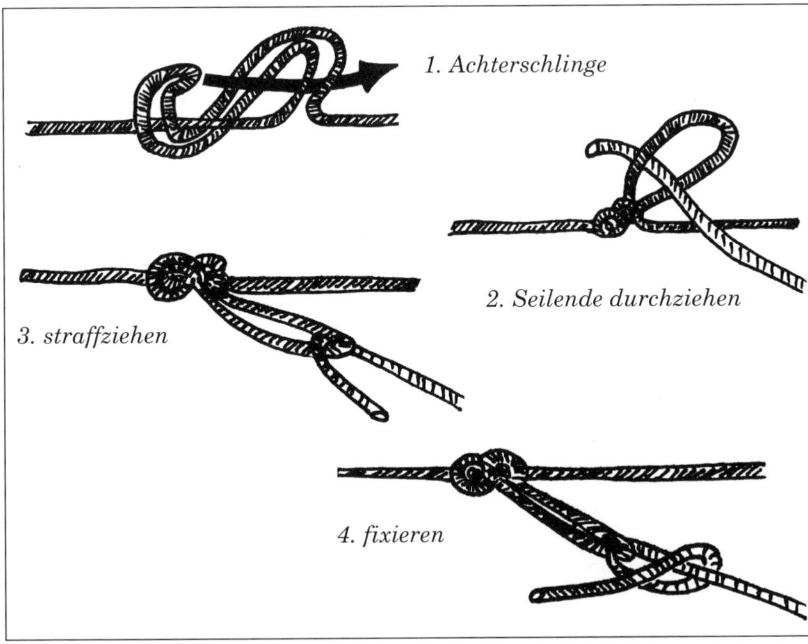

... und was man daraus machen kann ...

Seil am Hang

Ein Seil mit einem Palstek oben an einem Baum befestigt und einen steilen Hang heruntergelassen, animiert die Kinder zum Klettern und bietet auch ungeschickteren Kindern eine Aufstiegshilfe

Seilbrücke, Seilgarten

Ein Seil mit einer Zugschlaufe zwischen zwei Bäumen gespannt lockt SeiltänzerInnen und Balancekünstler. Ein zweites Seil in Brusthöhe hilft beim Festhalten. Die Höhe des Seils sollte vom Mut der Kinder abhängig gemacht werden. Geübtere überqueren so durchaus einen kleinen Bach oder kleinen „Abgrund".
Werden viele Seile zwischen nahestehenden Bäumen gespannt, gibt es einen Seilgarten mit vielfältigen Klettermöglichkeiten.

Es sollten dehnungsarme Seile verwendet werden, sonst laufen die Kinder in der Mitte auf dem Boden. Auf jeden Fall müssen Laufseil und Halteseil die gleiche Dehnung haben. Achten sie auf

die Rinde der verwendeten Bäume. Die Rinde mancher Bäume wird von rutschenden Seilen ziemlich beschädigt. Im Notfall Isomatte oder alte Autoschläuche unterlegen.

Strickleiter

Mit zwei Seilen oder mit einem Seil, Ästen und Mastwurfknoten ist schnell eine Strickleiter gebaut. Die Strickleiter sollte oben eine Schlaufe haben. Dann kann sie mit einem Karabiner schnell in eine Schlinge eingehängt werden.

Flach gespannt wird die Strickleiter zur Dschungelbrücke. Auch hier sind Seile in Brusthöhe zum Festhalten sinnvoll. Die Dschungelbrücke muß an den Enden mit Zugschlaufen jeweils nach zwei Richtungen abgespannt werden, sonst rotiert sie, sobald man darauftritt.

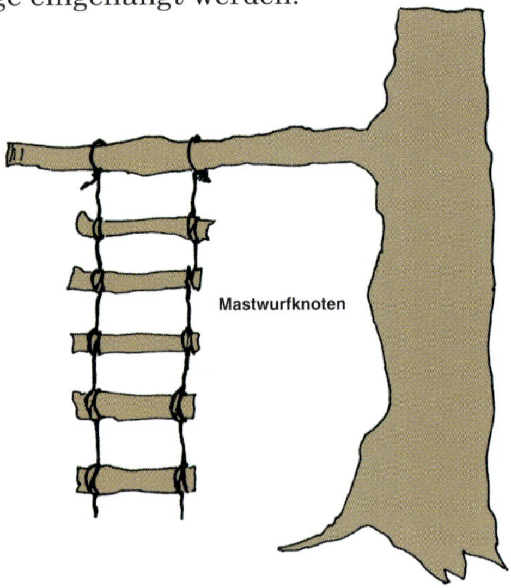

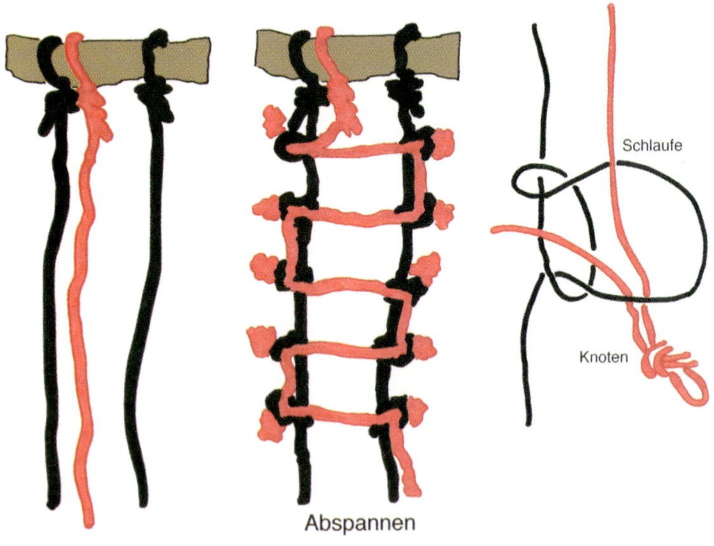

Netze

Netze zum Klettern lassen sich mit ein paar Seilen und Kreuzknoten schnell knüpfen. Allerdings gehen die Knoten schlecht wieder auf, wenn erstmal eine Horde Kinder das Netz beklettert hat. Die Seile müssen vor dem Knüpfen die drei- bis vierfache Länge des späteren Netzes haben.

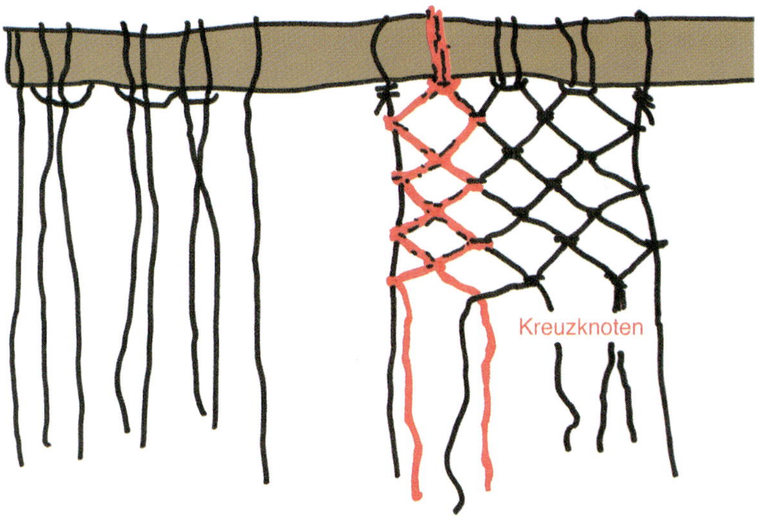

Schaukeln

Die einfachste Methode: Man sucht sich einen niedrigen Ast und befestigt daran ein Seil. Am unteren Ende bindet man einen stabilen Knüppel an.

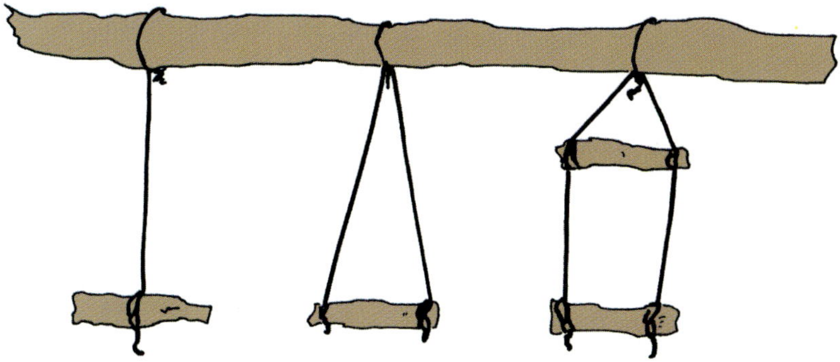

Fertig ist die Schaukel, mit der man nicht nur hin und her, sondern auch im Kreis schaukeln kann. Eine Schlinge aus Rolladengurt um den Ast ermöglicht es, verschiedene Schaukelkonstruktionen mit Karabinern einzuhängen.

Was man so spielt und singt

Voller Enthusiasmus haben wir angefangen und uns für jeden Waldtag ein umfangreiches Programm überlegt. Sehr schnell aber stellte sich heraus, daß das nicht nötig war. Denn die Kinder hatten andere Interessen und Spielideen. Zwar gab es immer wieder einzelne Kinder, die fragten: „Was sollen wir denn hier spielen?“ Im Großen und Ganzen entwickelten die Kinder aber viel Phantasie und Kreativität. Wir haben gemerkt, daß wir unser volles Programm nicht brauchen. Für uns ist es wichtig, auf die vielen kleinen Dinge einzugehen, die von den Kindern kommen (z.B. es werden gerade Bäume gefällt; die Kinder finden einen seltsamen Käfer, der beobachtet und bestimmt werden muß). Auch das Wetter spielt eine große Rolle. Vieles, das wir uns vorgenommen hatten, mußte wegen Witterungsänderungen verschoben werden (z.B. Kochen bei strömendem Regen).
Was also gebraucht wird, ist die „pädagogische Zaubertüte“, aus der je nach Bedarf oder Notwendigkeit Spiele, Lieder oder Bastelideen herausgezaubert werden können.

Hier haben Sie ein wenig Füllmaterial für Ihre Zaubertüte:

Begrüßungs- und Abschlußkreis

Wir versuchen, den Kindern durch einen gegliederten Tagesablauf einen festen Rahmen zu geben. Dazu gehört für uns ein Begrüßungskreis, an dem alle Kinder teilnehmen. Hier werden die üblichen Lieder gesungen und die Dinge für den Tag besprochen. Wir singen z.B. als Begrüßungslied „Guten Morgen in diesem Wald“ (nach der Melodie von „Guten Morgen in diesem Haus“)

Guten Morgen in diesem Wald
Guten Morgen in diesem Wald
Ei, wir wünschen Euch,
ei, wir wünschen Euch

Einen schönen guten Morgen
Einen schönen guten Morgen

Allen Vögeln in diesem Wald,
allen Vögeln in diesem Wald,
Ei, wir wünschen Euch,
Ei, wir wünschen Euch
einen schönen guten Morgen,
einen schönen guten Morgen

Die Kinder machen eigene Vorschläge, welche Tiere und Pflanzen begrüßt werden sollen („Allen Kellerasseln in diesem Wald...").

Zum Abschluß besprechen wir die wichtigen Dinge für das nächste Treffen und singen bekannte Lieder wie „Alle Leut' geh'n jetzt nach Haus".

Feste im Wald

Am Anfang dachten wir, das geht nicht: Weihnachten feiern im Wald. Laternenfest, das konnten wir uns vorstellen. Aber ein ruhiges und besinnliches Fest nicht. Mit der Zeit haben wir festgestellt, daß alles möglich ist im Wald.

Laterne laufen und basteln

Wir haben Rübenlaternen geschnitzt und auf Stecken gespießt; das waren unsere Waldgeister. Oder wir haben Laternen mit Blättern und Flechten verziert. Auf großen Plastikplanen haben wir die Ober- und Unterteile von Laternen bemalt. Zum Trocknen wurden sie in die Bäume gehängt. Nach dem Laterne laufen durch den Wald haben wir mit den Eltern Punsch getrunken und Würstchen gegessen. Nach Absprache mit dem Förster kann man auch ein Lagerfeuer machen.

Weihnachten

Gerade in der Weihnachtszeit lieben die Kinder ruhige und besinnliche Geschichten. Dazu machen wir es uns richtig gemütlich. Wir bauen uns ein Waldsofa (s. Seite 76) und decken es mit einer Plane ab. Wenn wir alle sitzen, zünden wir unser Windlicht an, erzählen Geschichten, lesen Bücher, erzählen und essen Kekse. Wichtig: Die Kinder, die frieren, stehen auf. Zu lange darf die Zusammenkunft nicht dauern, da die Außentemperaturen meist recht niedrig sind.

Vor den Weihnachtsferien denken wir an die Tiere im Wald. Die Kinder bringen Lebensmittel wie Möhren, Äpfel, altes Brot, Nüsse, Sonnenblumenkerne mit. Daraus machen wir für die Vögel, Hasen und Eichhörnchen schmackhafte Futterketten. Mit denen schmücken wir auf der Weihnachtsfeier den Baum für die Tiere. Das ist für alle Kinder ein Höhepunkt. Viele gehen in den Weihnachtsferien mit ihren Eltern in den Wald, um nach dem Weihnachtsbaum zu schauen. Die Freude ist natürlich groß, wenn im neuen Jahr das Bäumchen leergefressen ist.

Karneval

Am Rosenmontag kommen alle Kinder verkleidet, wobei zu beachten ist, daß die Kinder darunter ihre Regenkombi anziehen können müssen und genug Bewegungsfreiheit haben. Wir machen Bewegungsspiele, singen und tanzen. Abschluß ist ein Rundgang durch den Wald. Dabei spielen wir auf Orffschen und selbstgebastelten Instrumenten – schön laut, denn wir wollen den Winter vertreiben.

Ostern

Dieses Fest bietet sich im Wald förmlich an. Wo kann man besser den Osterhasen und bunte Eier suchen als hier? Für die Kinder ist die Suche immer ein besonderes Erlebnis und sogar die größten Zweifler werden unsicher.

Sommerfest

Im Wald ist das Feiern eines Sommerfestes kein Problem: Alle können kommen und sogar noch Freunde mitbringen, denn Platz ist genug vorhanden. Wir stellen unsere Feste unter ein Thema. So feiern wir z.B. ein Indianerfest, ein Zwergenfest oder ein Fest der Sinne (s. S. 103ff.). Spiele und Ideen entwickeln sich mit den Kindern von selbst.

Geburtstag

Der Geburtstag eines jeden Kindes ist ein wichtiger, oft lang herbeigesehnter Tag. Er muß daher beachtet werden – und dazu gehört auch eine Geburtstagsfeier im Wald.

An unserem Lieblingsplatz haben wir einige Baumstämme im Quadrat zusammengelegt. In der Mitte steht ein alter Baumstumpf. Das ist unser Geburtstagsplatz. Mit den Kindern wird der Baumstumpf zum Geburtstagstisch dekoriert. Wir sammeln dazu Moose, Zapfen, Wurzeln, Blätter, Rinde usw. Zum Schluß kommt eine Kerze in die Mitte. Dann singen wir ein Geburtstagslied, lassen das Kind hochleben und spielen gemeinsam.

Warum nicht einmal selbst erfundene Feste wie z.B. das Kartoffelfest oder ein Kastanienfest feiern? Durch Geschichten, Märchen und Lieder bekommen die Kinder einen ganz neuen Bezug zu den Früchten.

Immer in Bewegung

Bewegungsanlässe bietet der Wald genügend. Die Kinder sind eigentlich ständig in Bewegung und brauchen nur selten Anregungen. In speziellen Situationen (Schlechtwetter, neue Kinder, neue Motivation für die Gruppe) sind aber Bewegungsangebote nützlich. Vieles kann in der vorhandenen Umgebung improvisiert werden. Andere Spiele können wir aus der Zaubertüte ziehen:

Titel:
Bäumchen, wechsle Dich

Anzahl der Teilnehmer: Gruppe / gemeinsam

Material: Bäume

Inhalt: Schnelligkeit, Reaktionsvermögen

Beschreibung: Es wird eine Gruppe Bäume gesucht. Jedes Kind steht an einem Baum, ein Kind steht in der Mitte. Auf das Kommando „Bäumchen, wechsle dich!“ müssen alle Kinder sich einen anderen Baum suchen. Das Kind in der Mitte versucht eher als ein anderes, einen freien Baum zu erreichen. Wer zum Schluß keinen Baum erwischt hat, geht für die nächste Runde in die Mitte.

Variante: Das Kind in der Mitte versucht, ein anderes Kind abzuschlagen, bevor es einen neuen Baum erreicht hat. Wer abgeschlagen ist, wird neuer Fänger.

Titel:
Versteinern

Anzahl der Teilnehmer: Gruppe / gemeinsam

Material: keines

Inhalt: Bewegung, Reaktionsvermögen

Beschreibung: Alle Kinder laufen durcheinander. Auf Kommando müssen sie „versteinern". Ein neues Kommando erlöst sie, aber sie müssen sich jetzt auf eine bestimmte Art bewegen, z.B. auf einem Bein, hüpfend oder rückwärts.

Variante: Ein Kind übernimmt das Kommando, nach jeder „Versteinerung" wird abgelöst.

Eine andere Regel: Ein Kind steht in einiger Entfernung mit dem Rükken zur Gruppe. Alle bewegen sich langsam und leise auf das Kind zu. Dreht es sich um, müssen alle erstarren. Wer sich noch bewegt, muß zurück zur Startlinie.

Titel:
Alle Tiere kommt zu mir

Anzahl der Teilnehmer: Gruppe / gemeinsam

Material: keines

Inhalt: Bewegung

Beschreibung: Die Gruppe steht hinter einer Linie (Strich auf dem Boden, Äste). Gegenüber steht der Spielleiter hinter einer weiteren Linie. Er ruft „Alle Tiere kommt zu mir!". Die Gruppe antwortet: „Als was sollen wir kommen?" Der Spielleiter nennt ein Tier, die Gruppe muß nun – sich bewegend wie das genannte Tier – die gegenüberliegende Linie erreichen. Der Spielleiter bewegt sich ebenfalls wie das Tier und versucht, Kinder vorher zu fangen. Wer gefangen wird, hilft dem Spielleiter in der nächsten Runde beim Fangen.

Titel: **Fuchs und Hase**	*Anzahl der Teilnehmer:* Gruppe / gemeinsam
Material: Äste	*Inhalt:* Bewegung

Beschreibung: Mit Ästen wird an einem Baum ein Fuchsbau gebaut – so groß, daß ein Kind hineinpaßt. Ist der Fuchsbau fertig, geht das Spiel los. Ein Kind sitzt als Fuchs im Fuchsbau, die anderen hüpfen als Hasen drumherum und sagen:

Es wär' so schön in diesem Wald,
wenn es nur keine Füchse hätt'.
Auf eins kommt er nicht,
auf zwei kommt er nicht,
auf drei kommt er nicht,
auf vier kommt er nicht,
auf fünf – da springt er raus!
Jetzt springt der Fuchs aus dem Bau und fängt einen Hasen.
Der gefangene Hase wird neuer Fuchs.

Titel: **Alle Vögel fliegen hoch**	*Anzahl der Teilnehmer:* Gruppe / gemeinsam
Material: keines	*Inhalt:* Konzentration

Beschreibung: Alle Kinder sitzen im Kreis und legen die Hände auf die Oberschenkel. Ein Kind beginnt, mit den Händen auf die Oberschenkel zu klatschen, sagt dazu: „Alle Vögel fliegen hoch!" und hebt die Arme. Die übrigen Kinder klatschen mit und heben ebenfalls die Arme. Das erste Kind nennt nun andere Tiere und hebt die Arme. Nur, wenn das genannte Tier fliegen kann, heben die anderen Kinder auch die Arme. Wer einen Fehler macht, ist dran.

Titel: **Schatzhüter**	*Anzahl der Teilnehmer:* Gruppe / gemeinsam
Material: gesammelte Schätze aus Naturmaterial	*Inhalt:* Aufmerksamkeit, Bewegung

Beschreibung: Der Schatzhüter legt alle seine Schätze auf einen Haufen und stellt sich darüber. Er muß aufpassen, daß die anderen ihm keinen seiner Schätze stehlen. Die anderen Kinder versuchen, so viele Schätze wie möglich zu ergattern. Werden sie vom Schatzhüter berührt, scheiden sie aus. Wer die meisten Schätze hat, wird der nächste Schatzhüter.

Variante: Die Kinder scheiden nicht aus, sondern bleiben erstarrt an der Stelle stehen, an der sie berührt wurden.

Titel: **Baumkegeln**	*Anzahl der Teilnehmer:* Gruppe / gemeinsam
Material: 1 großer Stein oder 1 Holzscheit, Seil, 9 Pflöcke, Dosen oder Holzscheite als Kegel	*Inhalt:* Geschicklichkeit

Beschreibung: Der Stein oder das Holzscheit wird mit einem Seil an einem dicken Ast angebunden. So anknoten, daß der Stein etwa eine Handbreit über dem Boden schwingt. In der Nähe des Steine die Kegel aufbauen. Abwechselnd wird nun versucht, mit dem schwingenden Stein so viele Kegel wie möglich zu treffen.

Titel: **Laubschlacht**	*Anzahl der Teilnehmer:* Gruppe / gemeinsam
Material: Laub	*Inhalt:* Bewegung

Beschreibung: wie Schneeballschlacht

Titel:
Zapfenschießen

Anzahl der Teilnehmer: Gruppe / gemeinsam

Material: 2 Tannen- oder Kiefernzapfen pro Kind

Inhalt: Bewegung, Geschicklichkeit

Beschreibung: Alle Zapfen werden in eine Reihe gelegt. Jedes Kind versucht, seine Zapfen mit dem Fuß so weit wie möglich wegzuschießen.

Titel:
Waldsofa

Anzahl der Teilnehmer: Gruppe / gemeinsam

Material: Reisig, Laub

Inhalt: Bewegung

Beschreibung: Reisig wird zu einem großen Haufen aufgeschichtet und mit Laub bedeckt. Fertig ist das Waldsofa. Wer möchte, kann noch eine Plane darüberdecken.

Titel: **Kiefernzapfen-Peteka**	*Anzahl der Teilnehmer:* Gruppe / gemeinsam
Material: Kiefernzapfen	*Inhalt:* Bewegung, Geschicklichkeit
Beschreibung: Der Kiefernzapfen muß mit der flachen Hand weggeschlagen werden. Die anderen Kinder versuchen, den Zapfen zu fangen oder zurückzuschlagen. *Variante:* Spiel in zwei Mannschaften.	

Mit allen Sinnen

Im Wald ist das Kind mit all seinen Sinnen aktiv. Dennoch kann man diese reichhaltigen Sinneserfahrungen durch Spiele und Übungen vertiefen:

Titel: **Ich sehe was, was Du nicht siehst**	*Anzahl der Teilnehmer:* Gruppe / gemeinsam
Material: 1 Wald	*Inhalt:* Beobachtungsgabe, Konzentration, Wortschatz
Beschreibung: Alle Kinder sitzen im Kreis. Ein Kind überlegt sich einen Gegenstand, ohne ihn zu verraten und sagt: „Ich sehe was, was Du nicht siehst und das ist (z.B.) rot“. Nun dürfen alle Kinder raten, um welchen Gegenstand es sich handelt. Wer den Gegenstand errät, ist als nächster dran.	

Titel: **Glühwürmchen**	*Anzahl der Teilnehmer:* 2 Gruppen
Material: Taschenlampen	*Inhalt:* Beobachtungsgabe

Beschreibung: Nach Einbruch der Dämmerung verstecken sich einige Kinder mit Taschenlampen in einem abgegrenzten, gut bekannten Waldstück. Mit ihren Taschenlampen geben sie Blinkzeichen. Die anderen Kinder müssen versuchen, die Versteckten anhand der Blinkzeichen zu finden.

Titel: **Naturmemory**	*Anzahl der Teilnehmer:* Gruppe / gemeinsam
Material: 2 Tücher, Naturmaterial	*Inhalt:* Merkfähigkeit

Beschreibung: Die ErzieherIn sammelt ohne die Kinder Naturmaterialien. Diese werden auf ein Tischtuch o.ä. gelegt. Nun kommen die Kinder dazu. Die einzelnen Materialien werden benannt und besprochen. Danach werden sie mit einem zweiten Tuch zugedeckt.
Die Kinder sollen nun aus der Erinnerung heraus die gleichen Gegenstände im Wald wiederfinden und zum Treffpunkt bringen.

Titel: **Riechmemory**	*Anzahl der Teilnehmer:* Gruppe / einzeln
Material: verschließbare Gefäße, Komposterde, Blumenerde, Gemüsebeet, Walderde (Nadel und Laub) Torf, Rindenmulch, Sand, Lehmboden	*Inhalt:* Riechen, Fühlen

Beschreibung: Die Erdproben werden in die unterschiedlichen Gefäße gefüllt. Diese bekommen am Boden ein Etikett mit der Beschriftung. Nun werden die Gefäße als Duftstraße aufgebaut. Die Kinder bekommen die Augen verbunden und sollen riechen und raten.

Variante: fühlen und sehen

Titel: **Eulen**	*Anzahl der Teilnehmer:* Gruppe / gemeinsam
Material: Bierdeckel, Alufolie, Taschenlampen	*Inhalt:* Beobachtungsgabe

Beschreibung: Bierdeckel werden mit Alufolie bezogen und als Wegmarkierungen im Wald aufgehängt. Nach Einbruch der Dämmerung zieht die mit Taschenlampen ausgerüstete Gruppe los und versucht, mit den Taschenlampen die Alufolie („Eulenaugen") und damit den Weg zu finden. Je nach Gruppe kann das Spiel unterschiedlich schwierig gestaltet werden (Abstand und Findbarkeit der Eulenaugen).

Variante: Alustreifen mit Tesakrepp um einen Baum kleben.

Titel: **Reh und Luchse**	*Anzahl der Teilnehmer:* Gruppe / gemeinsam
Material: Wasserpistolen	*Inhalt:* Gehör, Geschicklichkeit

Beschreibung: Die Gruppe steht im Kreis, in der Mitte steht ein Kind mit verbundenen Augen – das Reh. Die anderen Kinder sind die Luchse und schleichen sich aus verschiedenen Richtungen an das Reh an. Das Reh ist mit einer Wasserpistole ausgestattet und darf in die Richtung schießen, aus der es glaubt, einen Luchs zu hören. Der Luchs, der das Reh als erster erreicht, darf das nächste Reh sein.

Tiere, Pflanzen, Jahreszeiten

Im Wald kann vieles beobachtet und erforscht werden: Ameisenhaufen, Blüten, Insekten, Schnecken ... Interesse und Anregung sollte hier immer von den Kindern kommen und Angebote ihnen nicht aufgezwungen werden.

Titel: **Malerpalette**	*Anzahl der Teilnehmer:* Gruppe / einzeln
Material: Pappe, doppelseitiges Klebeband	*Inhalt:* die Farben der Natur
Beschreibung: Aus Pappe wird eine Malerpalette ausgeschnitten und mit doppelseitigem Klebeband beklebt oder mit Klebestift bestrichen. Jedes Kind erhält eine Palette und geht damit auf Farbsuche im Wald. Die gefundenen Farben (Blätter, Blüten, Früchte) werden auf die Palette geklebt. Das Spiel ist eine gute Ergänzung zu dem Buch „Frederick“ von Leo Leonni.	

Titel: **Rindenabrieb**	*Anzahl der Teilnehmer:* Gruppe / einzeln
Material: Bäume, Papier, Wachsmaler, Schnur	*Inhalt:* Kennenlernen verschiedener Baumrinden
Beschreibung: Mit Paketschnur wird ein großes Blatt Papier fest um den Baum gebunden. Mit Wachsmalern (am besten Blöcke) wird die Rinde abgerieben, so daß die Rinde sich auf das Papier überträgt. Hinterher wird mit einem Bestimmungsbuch anhand des Abdrucks die Baumart bestimmt.	

Titel: **Bodenstaubsauger**	*Anzahl der Teilnehmer:* Gruppe / einzeln
Material: 40 cm Aquariumschlauch, 10mm Durchmesser, Klebeband, 1 durchsichtige Filmdose, 1 Stück Feinstrumpfhose, Akkuschrauber mit 10mm-Holzbohrer, Schere, Klebstoff	*Inhalt:* Geschicklichkeit, Konzentration

Beschreibung: In Deckel und Boden der Filmdose werden Löcher gebohrt. Den Aquarienschlauch in 2 Stücke à 10 und 30cm teilen. Um ein Ende des kurzen Stückes ein Stück Feinstrumpfhose als Filter wickeln und festkleben. Die beiden Schläuche nun in die Dose stekken, mit Klebeband oder Klebstoff abdichten. Das Ende mit dem Strumpfhosennetz kommt in den Deckel.
Mit dem Bodenstaubsauger lassen sich kleine Insekten ansaugen.

Rätsel

Rätsel lieben kleine und große Kinder sehr. Es macht ihnen große Freude, dem Gegenstand oder dem Tier „auf die Spur" zu kommen. Ganz nebenbei vermitteln Rätsel Kindern differenzierte Informationen und erweitern ihren Sprachschatz.
In vielen Büchern findet man Rätsel zu allen möglichen Lebewesen aus der Natur, man kann aber auch selbst welche erfinden. Damit alle Kinder mitmachen können und nicht die Schnellrater immer vorne dran sind, faßt sich das Kind, das die Lösung weiß, an die Nase. Erst wenn fast alle Finger an den Nasen sind, wird die Lösung des Rätsels gesagt.

Ein paar Beispiele:

A)

1. Ich habe drei verschiedene Gestalten.
2. Zuerst bin ich grün und borstig, dann braun und dann bunt.
3. Ich trinke Nektar an Blüten.
4. Ich fliege im Sommer umher.
5. Auf meinen Flügeln sind große Augen.

B)

1. Ich lebe in Erdröhren.
2. Mein Körper ist mit Borsten besetzt.
3. Ich habe keine Beine.
4. Meistens fühle ich mich feucht und schleimig an.
5. Ich ziehe tote Blätter in meine unterirdischen Röhren.

C)

1. Meine Wohnung nennt man Kobel.
2. Mein Fell ist braun.
3. Ich schlafe im Winter.
4. Nüsse mag ich gerne.
5. Ich verstecke sie für den Winter.

D)

1. Ich habe mehr Beine als eine Spinne.
2. Ich bin eigentlich ein Krebs.

3. Meine Jungen werden im Wasser geboren.
4. Meine Körperform ist oval.
5. Nachts komme ich aus meinem Versteck und fresse Blätter.

E)

1. Man kann mich von weitem hören.
2. Meine Federn sind schwarz, weiß und rot.
3. Meine Eier lege ich in selbstgebaute Baumhöhlen.
4. Ich esse Würmer und Käfer.
5. Mein Schnabel ist lang und spitz.

F)

1. Ich bin schwarz oder dunkelbraun.
2. Meine Ohren sind sehr groß.
3. Ich fliege in der Dämmerung oder nachts.
4. Meine Rufe kannst Du nicht hören.
5. Insekten fange ich im Flug.

G)

1. Ich habe kurze Flügel, die man kaum sehen kann.
2. Bei Gefahr scheide ich einen stark riechenden Stoff aus.
3. Ich habe sechs Beine und zwei gebogene Zangen am Hinterteil.
4. Ich kneife niemanden ins Ohr.
5. Ich fresse außer Blattläusen auch gerne Blütenblätter.

H)

1. Ich habe sechs Beine.
2. Meine Flügeldecken sind oft rot.
3. Oft trage ich schwarze Punkte auf meinem Rücken.
4. Ich fliege gern.
5. Bei Gefahr scheide ich einen gelben Saft aus.

Die Lösungen:

A) Tagpfauenauge
B) Regenwurm
C) Eichhörnchen
D) Assel
E) Buntspecht
F) Fledermaus
G) Ohrenkneifer
H) Marienkäfer

Basteln & Werken

Viele Früchte, die man im Wald findet, laden dazu ein, mit ihnen etwas zu gestalten. Der Phantasie der Kinder sind keine Grenzen gesetzt.

Titel: **Blumenwiese**	*Anzahl der Teilnehmer:* Gruppe / einzeln
Material: bunte Blätter	*Inhalt:* Kreativität
Beschreibung: Aus bunten Blättern, Stöcken und Gräsern legen die Kinder bunte Blumen oder gemeinsam eine große Blumenwiese.	

Titel: **Blätterdruck**	*Anzahl der Teilnehmer:* Gruppe / einzeln
Material: Blätter, Papier, Pinsel, Tusche	*Inhalt:* Kreativität
Beschreibung: Auf die Unterseiten von Blättern wird mit dem Pinsel Tusche aufgetragen. Die Blätter werden auf Papier gelegt, kurz angedrückt und wieder abgenommen. *Variante:* Die Blätter werden unter das Papier gelegt und mit Wachsmalstiften abgerieben *Variante:* Die Blätter werden auf das Papier gelegt. Mit Spritztechnik (Sieb und Zahnbürste, Fixativröhrchen) werden Bilder erzeugt.	

Titel: **Baumgeister**	*Anzahl der Teilnehmer:* Gruppe / einzeln
Material: biegsame Zweige, knorrige Äste, Kastanien, Samenkapseln, Eicheln etc., Schnur, Draht	*Inhalt:* Kreativität, Geschick
Beschreibung: Jedes Kind sucht sich einen Vorrat an Naturmaterialien. Zwei Äste werden schräg in die Erde gesteckt und zusammengebunden. Daran wird der Körper, die Arme und der Kopf des Waldgeistes befestigt. Augen, Ohren, Haare etc. werden aus Blättern, Bucheckern oder Hagebutten gemacht.	

Titel: **Hexenbesen**	*Anzahl der Teilnehmer:* Gruppe / einzeln
Material: Äste, Reisig, Schnur	*Inhalt:* Kreativität
Beschreibung: Mit der Schnur wird das Reisig zu einem Hexenbesen an den Ast gebunden.	

Titel: **Webrahmen**	*Anzahl der Teilnehmer:* Gruppe / gemeinsam
Material: Äste, Schnur, Stoffstreifen, Wolle, Naturmaterialien	*Inhalt:* Kreativität
Beschreibung: Aus vier gleichlangen Ästen wird ein Webrahmen gebunden und mit Schnur als Kettgarn bespannt. Gemeinsam können die Kinder Stoffstreifen, Wolle oder Naturmaterialien zu einem Bild weben.	

Titel: **Löwenzahnkette**	*Anzahl der Teilnehmer:* Gruppe / einzeln
Material: Löwenzahn	*Inhalt:* Geschicklichkeit, Konzentration

Beschreibung: Löwenzahnstengel lassen sich zu Ringen formen, indem man das dünnere in das dickere Ende steckt. Mehrere Ringe ineinander ergeben eine Kette.

Variante: Löwenzahnstengel mit dem Fingernagel einritzen, den nächsten Stengel durchstecken ...

Titel: **Rindenschiffchen**	*Anzahl der Teilnehmer:* Gruppe / einzeln
Material: Rinde, Blätter, Ästchen, Messer, 1 Teich oder Bach, ev. 1 Teelicht	*Inhalt:* Geschicklichkeit, Kreativität

Beschreibung: Ein Stück Rinde wird mit dem Messer in Schiffsform gebracht. In die Mitte wird ein kleines Loch gebohrt und das Ästchen als Mast eingelassen. Ein daraufgestecktes Blatt wird zum Segel. Besonders schön ist es, wenn in der Dämmerung das entzündete Teelicht auf das Schiffchen gestellt wird.

Titel: **Waldmaske**	*Anzahl der Teilnehmer:* Gruppe / einzeln
Material: Luftballon, Pappmaché, Waldfrüchte, Messer, Schere	*Inhalt:* Kreativität

Beschreibung: Auf einen Luftballon wird mit Pappmaché eine Gesichtsmaske geformt. Nach dem Trocknen werden Augen und Mund hineingeschnitten und die Maske mit Waldfrüchten oder Gräsern dekoriert.

Musik und Lieder

Musik und Lieder gehören zu jeder Kindergruppenarbeit. Im Wald finden sich viele Möglichkeiten, Naturmaterialien in Instrumente zu verwandeln. Musik und Lieder sprechen stark die emotionale Ebene der Kinder an und verdichten und vertiefen so das Erlebte.
Grundsätzlich gilt: alle Lieder, die im Kindergarten und in der Schule gesungen werden, können auch im Wald gesungen werden.
Besonders bieten sich natürlich Lieder an, die Tiere und ihr Leben beschreiben(z.B. Kleiner Käfer, Der Sonnenkäfer, In unserem Walde steht ein Haus, Alle Vögel sind schon da, Kuckuck ruft's aus dem Wald ...)
Ein anderer Schwerpunkt beim Singen im Winter sind Lieder, zu denen man sich bewegt. Besonders beliebt bei unseren Kindern sind die Lieder In der Buttermilch, Trimm Dich, Unser kleiner Bär im Zoo (... im Wald), Das Lied von der Sieben. In Bewegung kommen die Kinder auch, wenn sie die Lieder auf der Baumtrommel begleiten. Baumtrommeln gibt es fast überall. Benötigt werden zwei stabile Trommelstöcke und ein umgefallener oder gefällter Baum. Auch Baumstümpfe, besonders hohle, eignen sich gut zum Trommeln. Spannend ist es, wenn einige Kinder trommeln und die anderen ihr Ohr an den Baum legen. So können auch verschlüsselte Botschaften gemorst werden.
Wer längere Zeit mit seiner Kindergruppe in den Wald geht, dem empfehlen wir, im Herbst mit den Kindern Rasseln zu bauen und diese mit den vielfältigsten Naturmaterialien zu füllen. Diese einfachen Musikinstrumente können die Kinder dann durch alle Jahreszeiten begleiten.

Titel: **Regentropfen**	*Anzahl der Teilnehmer:* Gruppe / gemeinsam
Material: keines	*Inhalt:* Rhythmik

Beschreibung: Die Kinder sitzen im Kreis. Die ErzieherIn erzählt: „Es kommt Wind auf (alle reiben über die Oberschenkel). Es fängt an zu tröpfeln (mit zwei Fingern in die geöffnete Hand schlagen). Es regnet (in die Hände klatschen). Es hagelt (auf die Oberschenkel klatschen)". Dann zieht das Unwetter vorbei und alles geht wieder rückwärts bis zum Wind.

Geschichten & Märchen

Der Wald verzaubert die Kinder und regt ihre Phantasie an. Daher ist viel Platz für Märchen und Geschichten von Zwergen, Elfen und Waldgeistern. Diese phantasievollen Geschichten eignen sich gut zum Nachspielen. Hierzu basteln wir Fabelwesen aus Naturmaterialien und bauen uns auf einem abgesägten Baumstumpf eine Bühne.

Unsere Buchempfehlung:

Bernhard Igelhauser & Heilgard Berthel:
Augen so frisch wie Schlehen / Heckenmärchen

Arbeitsmaterial aus dem Waldorfkindergarten:
Heft 5 „Märchen und Geschichten"

Arbeitsmaterial aus dem Waldorfkindergarten:
Heft 9 „Zwerge"

Bettina Stietencron & Hedwig Distel:
Klumpedump und Schnickelschnack

Es gibt zahlreiche Sachbücher, die sich mit der Natur, ihren Lebewesen und Pflanzen auseinandersetzen. In ihnen können Erlebnisse im Wald aufgegriffen und zusätzliches Wissen vermittelt werden.

Besonders gut eignen sich folgende Bücher für den Wald:

Meyers kleine Kinderbibliothek:
Der Marienkäfer, Unter der Erde, Die Blume, Der Vogel, Die Maus, Die Biene, Der Baum, Das Wetter

Una Jacobs:
Die Früchte- und Samen-Uhr, Die Blumen-Uhr, Die Vogel-Uhr, Die Wald-Uhr

Naturbuch-Reihe, Kinderbuchverlag Luzern, z.B.

Haffner / Stutz: Die Fledermaus,
Labhardt: Libellen,
Schnieper / Meier: Eidechsen,
Schneider: Blaumeise ...
Michael Papenberg: Rund um die Kastanie
Monika & Hans Dossenbach: Augen auf

Dazu kommen noch zahlreiche Bilderbücher und Geschichten, die von Tieren und ihrem Leben erzählen. Wissensvermittlung steht hier nicht im Vordergrund:

Leo Leonni: Frederick
Gudrun Pausewang: Die Kinder in der Erde
Sybille von Olfers: Die Wurzelkinder
Fritz Koch-Gotha & Albert Sixtus: Die Häschenschule
Ulf Svedberg & Lena Andersen: Maja auf der Spur der Natur
Eleonore Schmidt: Das Eichhörnchen und der Mond
Else Schwenk-Anger: Eulalia
Else Schwenk-Anger: Nur eine kleine Ameise
Else Schwenk-Anger & Steffi Schwenk: Die Igelkinder
Eric Carle: Die Biene und der Räuber
Eric Carle: Nur ein kleines Samenkorn
Eric Carle: Die Spinne spinnt und schweigt
Eric Carle: Die kleine Raupe Nimmersatt
Eric Carle: Die Grille

Do it Yourself: einen Waldkindergarten gründen

Eine neue Art von Kindergarten in Deutschland ist der Waldkindergarten. Seit fast 30 Jahren gibt es ihn in Dänemark als Alternative zum Regelkindergarten. In Deutschland gibt es ca. 60 Wald- und Naturkindergärten, die Anzahl nimmt ständig zu. Außerdem gibt es immer mehr Kindergärten, die regelmäßige Waldgruppen oder Waldprojekte anbieten. Daneben haben sich Waldgruppen freier Träger etabliert: Ein- oder mehrmals die Woche finden Kindergruppen im Wald statt.

Wenn Sie beim Lesen „Appetit" bekommen haben und überlegen, selbst einen Waldkindergarten zu gründen, haben Sie sich einiges vorgenommen. Aber es ist zu schaffen. Inzwischen gibt es in fast allen Bundesländern Waldkindergärten und damit auch bürokratische Regelungen und Verfahrensweisen, wie mit solchen Ideen umgegangen werden kann. Um einen Waldkindergarten zu gründen, braucht es ein paar Dinge: Ein *Träger* muß gefunden oder geschaffen werden, die Auflagen müssen erfüllt, ein *Konzept* geschrieben und die *Finanzierung* sichergestellt werden.

Am einfachsten ist es, sich einem bestehenden Träger (z.B. einem Wohlfahrtsverband oder Sportverein) anzuschließen. Das erleichtert vieles und ermöglicht auch, am vorhandenen Know How und den Kontakten des Trägers zu partizipieren. Aber es hat auch einen Nachteil: Letztlich entscheidungsbefugt ist immer der Vorstand des Trägers und nicht die Kindergarten-Initiativgruppe.

Wer aber selbständig bleiben will, muß sich seinen Träger selbst schaffen, sprich: einen Verein gründen. Dieser Verein kann sich dann als korporatives Mitglied einem Wohlfahrtsverband anschließen. So bleibt die Selbständigkeit gewahrt und Wissen und Beziehungen können trotzdem genutzt werden.

Das Bürgerliche Gesetzbuch hat zur Vereinsgründung einen umfangreichen Forderungskatalog entwickelt. Es empfiehlt sich deshalb vorab, mit Experten aus bestehenden Vereinen, einem Rechtspfleger beim Registergericht oder einem Notar zu sprechen oder Fachliteratur zu lesen.

Eine Vereinsgründung geht so: Mindestens sieben Menschen finden sich zu einer Gründungsversammlung zusammen. Auf der Gründungsversammlung wird eine Satzung verabschiedet (die bestimmten Mindestanforderungen genügen muß – vorher abklären, sonst muß die Versammlung wiederholt werden) und ein Vorstand entsprechend der Satzung gewählt. Über die Gründungsversammlung wird ein Protokoll erstellt. Mit diesen Unterlagen und den Personalausweisen bewaffnet geht der Vorstand zu einem Notar, der die Eintragung des Vereins beim Registergericht veranlaßt.
Ein Verein muß nicht eingetragen werden (dann ist er nur ein Verein und kein „e.V."). Für einen Verein, der Personal beschäftigen will und Geld in nicht unwesentlichem Umfang bewegt, ist die Eintragung, wenn sie auch mit Kosten und Aufwand verbunden ist, sinnvoll.

Gleich nach der Gründung wird beim zuständigen Finanzamt ein Freistellungsbescheid von der Körperschafts-, Gewerbe- und Vermögenssteuer beantragt („Gemeinnützigkeit"). Ohne Freistellungsbescheid ist der Verein ein Gewerbebetrieb, der für alle Aktivitäten Steuern zahlen muß. Auch das Finanzamt stellt einige Ansprüche an die Satzung, damit ein Freistellungsbescheid erteilt werden kann. Deshalb sollte auch mit dem Finanzamt vor der Vereinsgründung gesprochen werden.
Das war es dann schon (fast jedenfalls, natürlich müssen neugewählte Vorstände und Satzungsänderungen jeweils wieder eingetragen werden und das Finanzamt meldet sich auch ab und zu).

Die Auflagen, die die Genehmigungsbehörde an einen Waldkindergarten stellt, sind von Bundesland zu Bundesland unterschiedlich. Nehmen Sie Kontakt zu einer bestehenden Einrichtung in Ihrem Bundesland auf. Dort wird man Ihnen sicher weiterhelfen und auch Ansprechpartner bei den zuständigen Behörden benennen können. Mit denen sollten rechtzeitig vorab Gespräche geführt werden, damit genau klar ist, was gefordert wird.

In jedem Fall nötig (und auch sinnvoll) ist ein pädagogisches Konzept. Auch hier helfen bestehende Einrichtungen weiter.

Die Finanzierung eines Kindergartens ist ebenfalls in jedem Bundesland unterschiedlich geregelt. Normalerweise gibt es einiges Geld vom Land, der Rest kommt vom zuständigen Jugendhilfeträger (i.d.R. der Landkreis) und aus Elternbeiträgen. Und der Rest ... tja. Hier sind dann gute Ideen und der Mut zum Risiko gefragt, da gerade die Kommune versuchen wird, ihren Kostenanteil möglichst klein zu halten und so das finanzielle Risiko und die Finanzierung gesetzlich vorgeschriebener Kindergartenplätze auf den Trägerverein abzuwälzen.
Einige Hilfen finden Sie im Anhang ab Seite 119.

Anhang

Stationen der Bewegungsentwicklung (nach Renate Zimmer)

1. **Krabbeln, Kriechen** (Grundvoraussetzung für selbständige Entdeckungstouren, das Kind erschließt sich einen neuen Bewegungsraum).
   Unterschiedliche Bodenbeläge werden erfahren und in weich und hart, glatt und rauh eingeteilt.
   Beliebte Spiele: Fangen auf allen Vieren, Kampf von gefährlichen Tieren, ...

2. **Gehen, Laufen, Rennen** (hoher Anspruch an das Gleichgewicht)
   Der Expansionsdrang der Kinder wächst, sie wollen Laufspiele machen, „Haken schlagen" und später mit anderen Kindern laufen.

3. **Steigen, Klettern** (neue Perspektiven eröffnen sich)
   Das Steigen und Klettern wird in erster Linie an Treppen geübt, man sollte den Kinder nicht verbieten Treppen zu steigen, sondern muß es mit ihnen üben. Nicht das Heraufsteigen, sondern das Hinunterspringen birgt die meiste Gefahr. Am Anfang eignen sich kleine Treppen, die den Kindern auch die Möglichkeit geben, alleine ihre Erfahrungen zu sammeln, nur so können sie die nötige Sicherheit erlangen.

4. **Springen – auf und ab, hoch, tief und weit**
   Tiefspringen erfordert Mut, ein situationsgerechtes Abfangen des Körpergewichtes und gute Reaktionsmöglichkeiten. Unterschiedliche Untergründe (Wiese, Sand, Beton, Asphalt, Sportplatzboden) erfordern eine jeweils andere Art des Landens und Aufkommens. Je nach Bodenbeschaffenheit entscheidet das Kind wie das Gewicht aufgenommen wird. (Nachfedern, Absichern mit den Händen, in die Knie gehen, ...)

5. **Tragen, Schieben, Ziehen** (Erproben körpereigener Kräfte)
   Gegenstände werden an einen anderen Ort gebracht. Das schafft jedes Kind ohne Hilfe, es kann es selber tun.

6. **Hängen, Schaukeln, Schwingen** (Erfahrung des eigenen Körpergewichtes)
Es sind sehr lustvolle Bewegungsabläufe, die den sensorischen Bedürfnissen der Kinder nachkommen.
Es wird die Griffsicherheit, Haltemuskulatur und die Armkraft trainiert.
Schaukeln: Den eigenen Schwung verstärken, die Hin- und Herbewegung beschleunigen, aber auch abbremsen können, selbständig auf die Schaukel klettern und sie in Bewegung versetzen können – all dies vermittelt dem Kind das Gefühl, seine Körperbewegungen zu beherrschen und auf seine Umwelt Einfluß nehmen zu können.

7. **Rutschen, Drehen, Wälzen, Rollen** (Kennenlernen neuer Bewegungsabläufe)
Den Körper in verschiedenen Lagen spüren und erfahren zu können, bereitet den Kindern große Freude und stellt immer neue Anforderungen an das Kind (vom Berg hinunterrollen, herunterpurzeln vom Bett, Rollen über den Rücken).

8. **Werfen, Fangen** (Sozialverhalten)
Konzentrations- und Reaktionsvermögen werden geübt. Man benötigt einen oder mehrere Partner (gelegentlich auch die Hauswand).
Werfen: Loslassen und wegschmeißen von Gegenständen
Ballwerfen, Zielwerfen
Fangen: Konzentration und Reaktion werden hier gefordert. Die Flugbahn des Balles oder Gegenstandes muß beobachtet werden und die eigene Bewegung muß darauf abgestimmt werden (Weite, Richtung, Härte, ...).

9. **Balancieren** (Stärkung des Selbstvertrauen)
Diese Entwicklung ist kontinuierlich und die einzelnen Entwicklungsstufen überschneiden sich.
Bei ungeschickten Kindern kommt es zu kleinen Erfolgserlebnissen. Das Gefühl der Bewältigung einer sich selbst gestellten schwierigen Balanceaufgabe kann einen ersten kleinen Baustein für mehr Selbstvertrauen bedeuten.

Bewegung – Muster für Folien

Der Wald bietet viele
Bewegungsanlässe

Bewegung

ermöglicht dem Kind

- sich mit sich selbst auseinanderzusetzen
- sich mit anderen Kindern auseinanderzusetzen
- sich mit seiner Umgebung auseinanderzusetzen
- sich mit vielfältigen Materialien auseinanderzusetzen

Bewegung

fördert beim Kind

- Erfahrungen durch neue Erlebnisse
- Sicherheit, Selbständigkeit und Selbstvertrauen
- die Neugier auf sich und seine Umwelt
- die Entwicklung der Persönlichkeit

Der Wald bietet viele Bewegungsanlässe

Die Kinder

- erfahren und erleben ihren Körper
- entdecken und erleben verschiedene Bewegungs- und Spielräume
- lernen verschiedene Materialien und Geräte kennen

Die Kinder

- steigern ihr Selbstvertrauen durch Erfolgserlebnisse
- haben Freude an der eigenen Bewegung

Die Kinder

- erleben Gemeinschaft
- erfahren Hilfsbereitschaft und lernen, Rücksicht bei gemeinsamen Aktivitäten zu nehmen
- nehmen Kontakt zu anderen auf
- setzen sich mit anderen Kindern auseinander
- lernen, eigene Bedürfnisse zu erkennen, durchzusetzen oder zurückzustellen
- erleben Gemeinschaft

Die Kinder

- entwickeln Vorstellungsvermögen und Bewegungsgedächtnis durch Speichern sensomotorischer Erfahrungen und Muster
- lösen Bewegungsaufgaben durch Kombinieren und Variieren von Bewegungshandlungen im Spiel

Checkliste

Folgende Dinge müssen im Vorfeld überdacht und erarbeitet werden:

Pädagogische Überlegungen

✓ Warum will ich eine Waldgruppe oder Waldwoche anbieten?

✓ Was sollen die Kinder dabei erfahren?

Organisatorische Überlegungen

✓ In welcher Form soll die Waldgruppe stattfinden (Waldtag, Waldwoche, Regelmäßigkeit)?

✓ Absprache mit dem Träger und Rücksprache mit dem GUV.

✓ Welcher Wald und wie gelangen wir dorthin?

✓ Welcher Förster ist zuständig? Besteht die Möglichkeit zur Zusammenarbeit?

✓ Welche Kinder gehen mit und wie werden diese ausgewählt?

✓ Informationen über Kinder mit Allergien sammeln, wie Heuschnupfen, Sonnenallergie, Überempfindlichkeit bei Insektenstichen, Asthma.

✓ Welche Gefahren gibt es im Wald?

✓ Wie muß die Ausrüstung aussehen?

✓ Was muß der Kindergarten anschaffen?

✓ Was müssen die Eltern anschaffen?

✓ Wie muß ich als ErzieherIn ausgerüstet sein?

✓ Wie vermittle ich das Projekt den Eltern?

✓ Finanzierung?

Praktische Überlegungen

✓ Gespräch mit Träger, Infomaterial weitergeben

✓ Begehung des Waldstückes

✓ Telefonat Förster, ev. Treffen vor Ort

✓ Telefonat GUV

✓ Liste über Krankheiten. Allergien, Tetanusimpfung der Kinder anlegen.

✓ Ausrüstung besorgen

✓ Elternabend und Infozettel für Eltern

Der Elternbrief

Der junge Mensch braucht seinesgleichen – nämlich Wasser, Dreck, Gebüsch, Spielraum. Man kann ihn auch ohne das alles aufwachsen lassen, mit Teppichen, Stofftieren oder auf asphaltierten Straßen und Höfen. Er überlebt es, doch man soll sich dann nicht wundern, wenn er später bestimmte soziale Grundleistungen nie mehr erlernt ...

(Alexander Mitscherlich)

Liebe Familie......!

Nun ist es soweit – unsere Waldwoche beginnt am Montag, den............ Wir (Frau..., Frau...) wollen mit insgesamt 20 Kindern jeden Morgen in den Wald gehen. Bitte bringen Sie Ihr Kind pünktlich um 8.30 Uhr in den Kindergarten.
Auch bei schlechtem Wetter, z.B. bei Regen, werden wir losgehen. Im Wald wollen wir dann gemeinsam die Natur entdecken, Tiere und Pflanzen beobachten, spielen, basteln und Abenteuer erleben.

Damit Ihr Kind auch hüpfen, klettern, balancieren, matschen und mitspielen kann, ziehen Sie es bitte waldfest an. Anbei liegt eine Checkliste, aus der Sie ersehen können, was Ihr Kind benötigt. Besonders der nasse Waschlappen ist wichtig, damit Ihr Kind sich vor dem Essen die Hände gründlich reinigen kann. Dies ist nicht nur aus hygienischen Gründen wichtig, sondern auch eine Vorsichtsmaßnahme gegen den Fuchsbandwurm, der sich überall im Waldboden befinden kann. Aus diesem Grund sollten

Sie auch darauf bestehen, daß Ihr Kind sich die Hände wäscht, wenn es mittags heimkommt.
Genauso wichtig ist es, daß Sie Ihr Kind jeden Mittag nach möglichen Zecken absuchen. Wenn Sie eine finden, entfernen Sie sie selber oder suchen Sie den Kinderarzt auf.
Für das gemeinsame Picknick sollten Sie das Essen und Trinken in wiederverwendbaren Behältern mitgeben, damit kein Abfall entsteht. Die Gefäße sollten bruchsicher sein (kein Glas!).

Wir hoffen, daß wir eine erlebnisreiche Zeit haben werden, die wir mit unserem Fotoapparat dokumentieren wollen. Die Bilder werden dann ausgestellt.

Vielleicht haben Sie auch einmal Lust und Zeit uns zu begleiten? Wir würden uns über einen Besuch freuen.

Ein letztes noch, bitte haben Sie Verständnis, wenn sich Ihr Kind sehr dreckig macht. Falls Sie im Anschluß an den Kindergarten noch etwas vorhaben, empfehlen wir, Wechselsachen mitzubringen.

Wir danken Ihnen für Ihr Verständnis.

Wenn Sie noch Fragen haben, wenden Sie sich bitte direkt an uns.

Viele liebe Grüße

Was soll Ihr Kind mitbringen

Was soll Ihr Kind mitbringen ?

- wetterfeste Kleidung (*im Sommer:* feste Schuhe, lange Hose, T-Shirt; *in der Übergangszeit:* feste Schuhe (Gummistiefel), Matschhosen; *im Winter:* feste Schuhe (gefütterte Gummistiefel), Schneeanzug oder Thermohose, Matschhose, Handschuhe, Mütze, Schal)
- gutsitzenden Rucksack
- Ersatzkleidung: Schlüpfer, Hose, Strümpfe/Strumpfhose, Handschuhe, Regenjacke
- Isomatte
- Plastiktüte mit einem feuchten Waschlappen
- Flasche mit Getränk (im Winter Thermoskanne), Becher
- Frühstücksdose mit Frühstück
- Taschentücher
- Plastiktüte

✂ -

Was soll Ihr Kind mitbringen ?

- wetterfeste Kleidung (*im Sommer:* feste Schuhe, lange Hose, T-Shirt; *in der Übergangszeit:* feste Schuhe (Gummistiefel), Matschhosen; *im Winter:* feste Schuhe (gefütterte Gummistiefel), Schneeanzug oder Thermohose, Matschhose, Handschuhe, Mütze, Schal)
- gutsitzenden Rucksack
- Ersatzkleidung: Schlüpfer, Hose, Strümpfe/Strumpfhose, Handschuhe, Regenjacke
- Isomatte
- Plastiktüte mit einem feuchten Waschlappen
- Flasche mit Getränk (im Winter Thermoskanne), Becher
- Frühstücksdose mit Frühstück
- Taschentücher
- Plastiktüte

Feste im Wald

Indianerfest

Der Phantasie sind keine Grenzen gesetzt. Wichtig ist nur, daß die Einladungen Eltern und Kinder auf das Fest einstimmen.
Die Kinder haben diese Einladung auf Lederreste gemalt und dann mit nach Hause genommen.
Zur Begrüßung müssen sich alle Kinder und Eltern einen Indianernamen überlegen (z.B. grauer Adler, schnelles Pferd, lachende Mondblume). Ihren Namen malen sie dann auf einen vorgefertigten Kreis aus Pappe. Dieser wird an einem Lederband befestigt. Nach Belieben können noch Perlen, Kastanien, Federn, Korkscheiben, Knöpfe am Band befestigt werden.

Indianerkopfschmuck

Schmales Leinenband (Geschenkband vom Meter) wird je nach Kopfumfang abgemessen und mit Filzstiften bemalt. Mit einem Bürohefter wird es zum Schluß zusammengetackert und eine Feder daran befestigt.

Indianerspiele für Jung und Alt

Titel: **Peteka**	*Anzahl der Teilnehmer:* Gruppe
Material: 1 Socken, alte Zeitung, Gummiband, Schere	*Inhalt:* Bewegung, Geschicklichkeit
Beschreibung: Wir basteln eine Flugball ähnlich unserem Federball. Der Socken wird fest mit Zeitungspapier ausgestopft und mit einem Gummiband abgebunden. Der Rest des Sockens wird mit einer Schere in Streifen geschnitten. Mit der flachen Hand wird nun unter den Ball geschlagen. Man kann das Spiel auch mit zwei Mannschaften spielen.	

Titel: **Jagd auf den Mustang**	*Anzahl der Teilnehmer:* Gruppe
Material: Reisig oder dünne Äste, Schnur	*Inhalt:* Bewegung Geschicklichkeit
Beschreibung: Einige kleine Äste werden zusammengebunden und mit einer Schnur wie ein Schwanz an einem Kind befestigt. Dieses Kind ist der Mustang und muß gejagt werden. Wer ihm auf den Schwanz treten kann, hat ihn gefangen.	

Titel: **Schlangentanz**	*Anzahl der Teilnehmer:* Gruppe
Material: Zwei Halstücher, 2 Rasseln oder Schlüsselbünde	*Inhalt:* Geschicklichkeit, Gehör
Beschreibung: Zwei Spieler werden in Klapperschlangen verwandelt. Ihnen werden die Augen verbunden und sie bekommen jeweils eine Rassel um den Bauch gebunden. Sie müssen sich einige Meter voneinander entfernt aufstellen. Durch das Klappern versuchen sie nun, sich gegenseitig aufzuspüren und zu finden.	

Titel: **Höhenflug**	*Anzahl der Teilnehmer:* Gruppe
Material: Schwungtuch, Luftballons, Bälle	*Inhalt:* Geschicklichkeit, Gruppengefühl
Beschreibung: Höhenflug ist ein altes Familienspiel der Innuit. Ursprünglich wurden Walrossfelle genommen. Alle stellen sich um das Tuch und halten es fest. Es wird auf- und abbewegt (Wellenbewegungen). Man kann auch einen Luftballon oder Ball kreisen und hopsen lassen.	

Kulinarisches

Zu einem Indianerfest gehört auch ein richtiges Lagerfeuer. Dafür gibt es im Wald ausgewiesene Feuerstellen. Möglicherweise kann man auch nach Absprache mit dem Förster und ggf. der Feuerwehr einen Lagerfeuerplatz einrichten, entweder an einer von Brennbarem freien Stelle oder in einer längs aufgeschnittenen Metalltonne.

Bannocks

Grundnahrungsmittel aller Indianer und aller Menschen, die in der Wildnis leben.

Zutaten:

1 kg Mehl
2 El Backpulver
2 TL Salz
1/2 l Wasser

Aus allen Zutaten einen Teig kneten und etwa fingerdicke Fladen formen. Sie werden in der Pfanne oder auf einem heißen Stein tiefbraun gebacken (ca. 5-10 min. pro Seite). Backfläche leicht einfetten.

Es gibt viele Möglichkeiten, Bannocks zu variieren, z.B. durch Müsli, Nüssen, Beeren, Schinkenstücke, Rosinen im Teig.

Getränke:

Tee aus Tannennadeln oder Brennesseln. (In der Sonne trocknen, im Mörser etwas zerstoßen und wie normalen Tee aufbrühen.)

Zwergenfest

Einladung: Ein Zwerg aus Filz

Ein Rechteck schneiden, Größe ca. 10x8 cm. In der Mitte zusammenlegen und eine kurze Seite zunähen. Dann mit Schafwolle füllen und einen Kopf abbinden. Der Zwerg trägt eine Schriftrolle – die Einladung.

Begrüßung:

Am Anfang stellt sich jeder Gast eine Blätterkrone her.

Methode 1:

Alle sammeln große Blätter. Die dicken Stilansätze werden abgeschnitten, die Blätter entlang der zentralen Ader gefaltet. Jetzt wird der Stil eines Blattes nahe der Zentralader durch ein anderes Blatt gestoßen. Weiter mit dem nächsten Blatt. Damit es besser hält, sollten die davorliegenden Blätter mit durchstoßen werden. Zum Schluß wird die Blattkette (Kopfumfang) durch Verbindung von Anfang- und Endblatt verbunden. Es können Waldfrüchte (Hagebutten, Bucheckern etc.) eingebunden werden.

Methode 2:

Ein Wellpappestreifen wird mit Naturmaterialien (Blättern, Stökken) besteckt und dann zusammengetackert (Kopfumfang).

Zwerge und Riesen

Aus Naturmaterialien werden Zwerge und Riesen gebastelt. Dazu braucht man z.B. Zapfen, Eicheln, Steine, Kastanien, Stöcke, Moose, Kleber, ev. Stoffreste, Wolle, Papierreste.

Spiele für Jung und Alt

Titel: **Das Zwergenhaus**	*Anzahl der Teilnehmer:* ca. 6
Material: ca. 30 Holzknüppel, 1 großer Würfel	*Inhalt:* Mengen erfassen
Beschreibung: Ein Zwerg sitzt in der Mitte. Um ihn herum werden die Knüppel als Haus aufgestapelt. Nun wird nacheinander gewürfelt. Die Höhe der Augenzahl zeigt an, wieviel Knüppel jedes Kind wegnehmen darf. Wer den letzten Ast wegnimmt, darf der neue Zwerg im Zwergenhaus sein.	

Titel: **Zwergenmandala**	*Anzahl der Teilnehmer:* Gruppe
Material: Naturmaterialien	*Inhalt:* Konzentration
Beschreibung: Ein Zwerg nennt jedem Mitspieler einen Wunsch, einen Gegenstand aus dem Wald, z.B. eine gelbe Blume, ein Ahornblatt, eine Eichel. Alle laufen los und bringen die gewünschten Gegenstände. Im Anschluß wird mit allen Naturmaterialien ein Mandala gelegt.	

Titel: **Riesenwettlauf**	*Anzahl der Teilnehmer:* Gruppe Eltern und Kinder
Material: keines	*Inhalt:* Bewegung, Geschicklichkeit
Beschreibung: Ein Elternteil (Riese) nimmt einen Zwerg (Kind) huckepack und läuft mit ihm über eine vereinbarte Distanz mit anderen Riesen um die Wette. Alle Mitspieler bekommen zur Belohnung einen Edelstein (Glasnugget).	

Titel: **Steine klopfen**	*Anzahl der Teilnehmer:* 2-3
Material: Ytong-Steine, Hammer, Feile, Raspel, Säge, Folie	*Inhalt:* Geschicklichkeit, Konzentration, Phantasie
Beschreibung: Ytong-Steine auf einen festen Untergrund legen (Folie unterlegen). Mit dem Werkzeug werden Reliefs oder Skulpturen herausgearbeitet. (Ytong macht das Werkzeug stumpf. Es kann danach nicht mehr zur Holzbearbeitung benutzt werden.)	

Kulinarisches

Stockbrot

Zutaten:

2 kg Mehl
300 g Margarine
3/4 l warme Milch
3 Eier
1 TL Salz
3 Päckchen Hefe

Wenn gewünscht:
Körner oder Gewürze

Rezept für ca. 20 Kinder

Hefeteig ansetzen:

Den Teig 1 Stunde gehen lassen. Jedes Kind bekommt eine kleine Teigkugel, die es um einen Stock formen muß. Stock und Teig werden ins Lagerfeuer gehalten. Dazu paßt Kräuterbutter oder Zaziki.

Foliengeheimnisse

Gewaschene Kartoffeln in Alufolie wickeln und in die Glut des Feuers legen. Die Kartoffeln brauchen mindestens 30 Min. zum Garwerden.

Fest der Sinne

Einladung:

Das Papier der Einladungskarte mit natürlichen Düften parfümieren, z.B. Vanille, Orange, Zitronensaft.

Begrüßung:

Zur Begrüßung erwartet die Gäste eine Geschmacksbar. Süßes, Salziges, Bitteres und Saures wird in Schalen – kleingeschnitten und aufgespießt auf Zahnstochern, so daß man nicht auf Anhieb erkennen kann, was es ist – zum Schmecken angeboten.

Riechbaum

An einem kleinen Baum sind Duftsäckchen, die mit unterschiedlichen Materialien gefüllt sind, angebracht. Am Stamm hängt der „Riechführer“, in dem alle vorhandenen Düfte verzeichnet sind.

Klangbaum

An den Ästen eines nicht zu hohen Baumes werden verschieden klingende Materialien aufgehängt, die mit einem Stock angeschlagen werden können. Als Klangkörper eignen sich z.B. Blechdosen, Pfannen, Töpfe, Deckel, Gitter, Fahrradlenker etc.

Titel: **Spiegelgang**	*Anzahl der Teilnehmer:* je 2
Material: Handspiegel	*Inhalt:* Wahrnehmung
Beschreibung: Zu zweit geht man mit einem Spiegel durch den Wald und beguckt Bäume, Blumen oder Wurzeln mit dem Spiegel aus verschiedenen Perspektiven.	

Titel: **Aufgepaßt, Ohr gespitzt!**	*Anzahl der Teilnehmer:* Gruppe
Material: verschiedene Naturmaterialien	*Inhalt:* Wahrnehmung: Gehör, Konzentration

Beschreibung: Die Mitspieler sitzen im Kreis und haben die Augen geschlossen. Ein Kind außerhalb des Kreises macht ein Geräusch, z.B. Stöcke aufeinanderschlagen, Blätterrascheln, Steineklopfen o.ä. Wer das Geräusch zuerst erkennt, darf das nächste Geräusch machen.

Titel: **Hindernisparcours**	*Anzahl der Teilnehmer:* Gruppe
Material: Baumstämme, -stümpfe, Steine, Seile	*Inhalt:* Geschicklichkeit, Gleichgewicht

Beschreibung: Wie der Parcours aussieht, hängt von den Möglichkeiten des Ortes ab. Baumstämme zum Balancieren oder Beklettern, Seilbrücken, Steine zum Hüpfen – vieles ist möglich

Titel: **Töpfern**	*Anzahl der Teilnehmer:* Gruppe
Material: Ton, evt. Messer, Bretter zum Trocknen der fertigen Gegenstände	*Inhalt:* Wahrnehmung: Handgeschick

Beschreibung: Kinder lieben dieses Naturmaterial. Da sie gerne kneten, brauchen sie zum Töpfern nur wenig Anleitung.

Titel: **Waldsalat**	*Anzahl der Teilnehmer:* Gruppe
Material: Kärtchen mit Abbildungen von Bäumen, Früchten oder Waldtieren	*Inhalt:* Wahrnehmung, Bewegung

Beschreibung: Man bildet einen Kreis. Jedes Kind bekommt ein Kärtchen mit Baum-, Frucht- oder Tierbild. Jedes sollte mindestens 3x vorhanden sein. In der Mitte steht ein Kind. Dieses Kind stellt sich seinen Waldsalat zusammen: Es ruft z.B. „Die Kastanien und die Pilze!“ Diese Kinder müssen die Plätze wechseln. Das Kind in der Mitte versucht, einen Platz zu ergattern. Bei „Waldsalat“ wechseln alle den Platz.

Kulinarisches

Beim Essen wird nicht nur der Geschmackssinn, sondern auch der Geruchssinn angeregt. Es bietet sich daher an, eine Speise zu wählen, die beide Sinne anspricht (Grillwürstchen, Stockbrot). Eine besondere Herausforderung ist mit Lebensmittelfarbe eingefärbtes Speiseeis. Nicht nur Kindern macht das Probieren und Raten Spaß.

Gesetze und Verordnungen

Gesetz über die Ordnung in Feld und Forst

(Feld- und Forstordnungsgesetz – FFOG) in der Fassung vom 30.8.1984 (Nieders. GVBL S. 215) zuletzt geändert durch Artikel IV des Gesetzes zur Änderung des Niedersächsischen Naturschutzgesetzes vom 21.3.1990 (Nieders. GVBL. S. 86) und Artikel 28 des Niedersächsischen Rechtsvereinfachungsgesetzes 1990 vom 22.3.1990 (Nieders. GVBL. S. 101)

Betreten der freien Landschaft

§ 1 – Recht zum Betreten

(1) Jedermann darf den Wald (§ 2 des Landeswaldgesetzes) und die übrige freie Landschaft betreten und sich dort erholen.

(2) Ausgenommen sind

1. Forstkulturen, Forstdickungen, Pflanz- und Saatkämpe sowie Flächen, auf denen Holz eingeschlagen wird.
2. Äcker in der Zeit vom Beginn ihrer Bestellung bis zum Ende der Ernte und
3. Wiesen und Weiden während der Aufwuchs- oder Weidezeit

(3) Gärten und mit Wohngebäuden verbundene Parkanlagen gehören nicht zur freien Landschaft

(4) Das Recht nach Abs. 1 schließt den Skilauf und das Schlittenfahren ein, jedoch nicht das Zelten und das Aufstellen von Wohnwagen.

(5) In der Zeit vom 1. April bis zum 15. Juli (Brut- und Setzzeit) dürfen Hunde im Wald und in der freien Landschaft nur an der Leine geführt werden. Dies gilt nicht für Hunde, die zur befugten Jagdausübung oder von der Polizei als Diensthunde verwendet werden. § 34 bleibt unberührt.

§ 3 – Anderweitige Regelung des Betretens, Fahrens und Reitens

(1) Den Grundeigentümern bleibt es unbenommen, die Benutzung ihrer Grundstücke über die Regelung der §§ 1 und 2 hinaus zu gestatten.

(2) Unberührt bleiben die Vorschriften des Straßenrechts und des Naturschutzrechts sowie die anderen Vorschriften des öffentlichen und privaten Rechts, die aus besonderen Gründen das Betreten,

Fahren und Reiten einschränken oder dazu in weiterem Umfang berechtigen.

§ 9 – Unbefugtes Betreten und Benutzen von Grundstücken

Ordnungswidrig handelt, wer unbefugt

1. Forstkulturen, Forstdickungen, Pflanz- oder Saatkämpe oder solche Flächen betritt, auf denen Holz eingeschlagen wird.
2. in der Zeit vom Beginn der Bestellung bis zum Ende der Ernte über einen Acker oder einen Garten oder während der Aufwuchszeit über eine Wiese geht,
3. ein Grundstück zum Zelten oder Aufstellen eines Wohnwagens benutzt,
4. auf einem Grundstück reitet oder fährt,
5. ein Grundstück entgegen einem nach § 5 zulässigen mündlichen oder schriftlichen Verbot des Berechtigten betritt oder benutzt,
6. nicht jagdlich geführte Hunde in der Brut- und Setzzeit im Wald und in der freien Landschaft nicht an der Leine führt.

§ 10 – Feld- oder Forstschädigung

Ordnungswidrig handelt, wer unbefugt

1. stehende Bäume, Sträucher, Pflanzen, Feld- oder Gartenfrüchte oder die zum Schutz von Bäumen dienenden Pfähle oder Vorrichtungen beschädigt,
2. Feld- und Waldwege oder die dazugehörenden Einrichtungen beschädigt oder ihre Benutzung erheblich erschwert,
3. Wegweiser, Einfriedungen, Hecken, Knicks, Geländer, elektrische Weidezäune oder zur Sperrung von Wegen oder Eingängen in eingefriedete Grundstücke dienende oder zur Verhütung von Unglücksfällen aufgestellte Vorrichtungen fortnimmt, umwirft, beschädigt, unkenntlich, unwirksam oder unbrauchbar macht,
4. das Zeichen des Waldhammers oder Rissers, die Stamm-, Stoß- oder Losnummern an stehenden oder gefällten Stämmen oder an aufgeschichteten Stößen von Torf, Holz oder anderen Walderzeugnissen zerstört, unkenntlich macht, nachahmt oder verändert,
5. auf Forstgrundstücken oder in Wind- und Vogelschutzanlagen zum Wiederausschlag bestimmte Laubholzstöcke aushaut, abspänt oder auf andere Weis den Stockausschlag verhindert,

6. das zur Bewässerung eines Grundstücks dienende Wasser ableitet oder Gräben, Wälle, Rinnen oder andere zur Ableitung oder Zuleitung des Wassers oder zur Beregnung des Grundstücks dienende Anlagen verändert, beschädigt oder beseitigt.

§ 13 – Feld- oder Forstgefährdung beim Umgang mit Feuer

(1) Ordnungswidrig handelt, wer in einem Wald, einem Moor oder einer Heide oder in gefährlicher Nähe davon in der Zeit vom 1.März bis zum 31. Oktober

1. ohne Erlaubnis des Grundeigentümers oder Nutzungsberechtigten ein Feuer anzündet,
2. ohne Erlaubnis des Grundeigentümers oder Nutzungsberechtigten rauht.

(2) Absatz 1 Nrd. 1 und 2 gilt nicht für Personen, die

1. zum Grundeigentümer oder Nutzungsberechtigten in einem zuständigen Dienst- oder Arbeitsverhältnis stehen und für ihn auf den Grundstücken Dienste oder Arbeiten verrichten,
2. zur Jagdausübung auf den Grundstücken berechtigt sind.

RdErl.d. Ministerium für Ernährung, Landwirtschaft und Forsten

v. 26.03.1985, 106/405.1 F 22002-23 – (Nds. MBl. S. 305), GültL. 84/464 – , geändert durch

RdErl.d. Ministerium für Ernährung, Landwirtschaft und Forsten

v. 28.06.1989 – 106/404.1 F 22002-23 – (Nds. MBl. S. 732), GültL. 84/525
Bezug: Landeswaldgesetz, FFOG, Landesnaturschutzgesetz, StVO

1.2 Umfang des freien Betretungsrechts

Der Gesetzgeber hat mit dem Recht zum freien Betreten der Landschaft nicht beabsichtigt, eine unbegrenzte Inanspruchnahme der freien Landschaft für jegliche Betätigung einzuführen. Aus dem gesetzlichen Gebot der Rücksichtnahme auf Eigentümer und Besitzer der benutzten und der Nachbargrundstücke sowie auf andere Benutzer der freien Landschaft (§ 4 FFOG) ist ersichtlich, daß der Gesetzgeber den Nutzerkreis einengen und die Benutzung in einem „gemeinverträglichen" Rahmen halten wollte. Gleiches ergibt sich auch aus § 3 Niedersächsischen Naturschutzgesetzes.

Daraus folgt, daß vom freien Betretungsrecht nicht abgedeckt sind:

a) kommerzielle Nutzung,

b) Großveranstaltungen, durch die Eigentümer, Besitzer oder andere Benutzer der freien Landschaft oder die Natur als Lebensraum für Tiere und Pflanzen geschädigt, gefährdet oder belästigt werden.

Nutzungen, die nicht unter das freie Betretungsrecht fallen, sind nicht schlechthin verboten, sondern bedürfen der besonderen Erlaubnis des Grundstückseigentümers. Dazu gehören organisierte Gemeinschaftsveranstaltungen, bei denen die Feld- oder Waldgrundstücke für Maßnahmen der technischen Abwicklung der Veranstaltungen (z.B. Anbringung von Tafeln oder Markierungen, Aufstellung von Geräten usw.) genutzt werden oder bei denen gezielt empfindliche Geländeteile (z.B. Nistplätze, Baue, Wildeinstände, Hochsitze, Wildfütterungen, kleine Feuchtbiotope usw.) aufgesucht werden, bei denen eine hohe Besucherfrequenz den Interessen der anderen Nutzer zuwiderläuft. Dabei ist allerdings zu berücksichtigen, daß der Grundstückseigentümer nicht mehr erlauben darf, als ihm zu genehmigen rechtlich gestattet ist (z.B. Betreten von Naturschutzgebieten außerhalb der Wege, Betreten bei Brandgefahr, Feuer im Walde usw.)

4.1 Sondernutzung

Organisierte Massen- oder Gemeinschaftsveranstaltungen stellen häufig genehmigungspflichtige Sondernutzungen dar. Die staatlichen Behörden sind gehalten, insbesondere Sport- oder Wanderveranstaltungen, soweit vertretbar, großzügig zu genehmigen. Hierbei ist darauf hinzuwirken, daß bei der Streckenführung sowie der Art und Intensität der Nutzung die Belange von Natur und Landschaft sowie der anderen berechtigten Nutzer gewahrt werden. Die Veranstalterhaftung sowie der in § 4 FFOG nominierte Haftungsausschuß des Grundstückseigentümers bleiben unberührt.

Niedersächsisches Naturschutzgesetz

in der Fassung vom 2. Juli 1990
(Nieders. GVBl. S. 235)

§ 24 – Naturschutzgebiete

(1) Gebiete, in denen Natur und Landschaft ganz oder teilweise besonderen Schutzes bedürfen, weil sie

1. schutzbedürftigen Arten oder Lebensgemeinschaften wildwachsender Pflanzen oder wildlebender Tiere eine Lebensstätte bieten oder künftig bieten sollen,
2. für Wissenschaft, Natur- oder Heimatkunde von Bedeutung sind oder
3. sich durch Seltenheit, besondere Eigenart oder Vielfalt oder hervorragende Schönheit auszeichnen, kann die obere Naturschutzbehörde durch Verordnung zu Naturschutzgebieten erklären.

(2) Im Naturschutzgebiet sind alle Handlungen verboten, die das Naturschutzgebiet oder einzelne seiner Bestandteile zerstören, beschädigen oder verändern. Das Naturschutzgebiet darf außerhalb der Wege nicht betreten werden. Soweit der Schutzzweck es erfordert oder erlaubt, kann die Verordnung Abweichungen von den Sätzen 1 und 2 zulassen.

§ 28a – Besonders geschützte Biotope

(1) Die folgenden Biotope werden unter besonderen Schutz gestellt:

1. Hochmoore einschließlich Übergangsmoore, Sümpfe, Röhrichte, seggen-, binsen- oder hochstaudenreiche Naßwiesen, Bergwiesen, Quellbereiche, naturnahen Bach- und Flußabschnitte, naturnahe Kleingewässer, Verlandungsbereiche stehender Gewässer,
2. unbewaldete Binnendünen, natürliche Block- und Geröllhalden sowie Felsen, Zwergstrauch- und Wacholderheiden, Magerrasen, Wälder und Gebüsche trockenwarmer Standorte,
3. Bruch-, Sumpf-, Au- und Schluchtwälder,
4. Dünen, Salzwiesen und Wattflächen im Bereich der Küste und der tidebeeinflußten Flußläufe.

(2) Alle Handlungen, die zu einer Zerstörung oder sonst erheblichen Beeinträchtigungen des besonders geschützten Biotops führen kön-

nen, sind verboten. Dies gilt auch, wenn der besonders geschützte Biotop noch nicht in das Verzeichnis geschützter Teile von Natur und Landschaft (§ 31 Abs. 1) eingetragen worden ist.

§ 34 – Naturparke

Großräumige Gebiete, die

1. überwiegend aus Landschaftsschutzgebieten oder Naturschutzgebieten bestehen,
2. sich für die Erholung besonders eignen,
3. nach den Zielen der Raumordnung für die Erholung oder den Fremdenverkehr vorgesehen sind und
4. einen Träger haben, der sie zweckentsprechend entwickelt und pflegt, kann die oberste Naturschutzbehörde zu Naturparken erklären.

§ 35 – Allgemeiner Schutz wildlebender Tiere und Pflanzen

(1) Es ist verboten, wildlebende Tiere unnötig zu beunruhigen, zu fangen, zu verletzen oder zu töten.

(2) Es ist verboten, wildlebende Pflanzen ohne vernünftigen Grund ihrem Standort zu entnehmen oder zu nutzen oder ihre Bestände niederzuschlagen oder auf sonstige Weise zu verwüsten.

(3) Es ist verboten, wildlebende Blumen, Gräser, Farne und Zweige in größerer Menge als der eines Handstraußes zu entnehmen und Kräuter, Früchte, Moose, Pilze oder Flechten zum Verkauf oder für gewerbliche Zwecke zu sammeln. Diese Verbote gelten nicht für Eigentümer, sonstige Nutzungsberechtigte und Personen, die eine schriftliche Erlaubnis des Eigentümers oder sonstigen Nutzungsberechtigten mit sich führen. Die Naturschutzbehörde kann im Einzelfall oder allgemein durch Verordnung das Entnehmen und Sammeln, auch durch die in Satz 2 genannten Personen, für begrenzte Zeit beschränken oder verbieten, soweit dies zum Schutz gefährdeter Bestände notwendig ist.

§ 37 – Allgemeiner Biotopschutz

(1) Es ist verboten, ohne vernünftigen Grund Lebensstätten wildlebender Tier- und Pflanzenarten zu zerstören oder sonst erheblich zu beeinträchtigen.

(4) In der Zeit vom 1. Februar bis zum 30. September dürfen in der freien Natur und Landschaft Bäume und Felsen mit Horsten oder Bruthöhlen nicht bestiegen und solche Bäume nicht gefällt werden.

Landesjagdgesetz (LJagdG)

in der Fassung der Bekanntmachung vom 24.02.1978

§ 19a – Beunruhigen von Wild

Verboten ist, Wild, insbesondere soweit es in seinem Bestand gefährdet oder bedroht ist, unbefugt an seinen Zuflucht-, Nist-, Brut- oder Wohnstätten durch Aufsuchen, Fotografieren, Filmen oder ähnliche Handlungen zu stören. Die Länder können für bestimmtes Wild Ausnahmen zulassen.

Mustersatzung zur Gründung eines Waldkindergartens

Satzung des Waldkindergarten ... e.V.

§ 1 – Name und Sitz des Vereins, Geschäftsjahr

(1) Der Verein trägt den Namen Waldkindergarten ... e.V. Er ist in das Vereinsregister einzutragen.

(2) Er hat seinen Sitz in ... .

(3) Das Geschäftsjahr ist das Kalenderjahr.

§ 2 – Zweck und Aufgabe

(1) Zweck des Vereins ist die Förderung der Jugendpflege und der Jugendhilfe

(2) Die Satzungszwecke werden durch den Verein verwirklicht insbesondere durch:

- Gründung und Betrieb von Einrichtungen der Jugendpflege und Jugendhilfe
- Schulung und Fortbildung von Mitarbeiterinnen und Helferinnen
- Veranstaltung von Seminaren und Fachtagungen
- Erstellung und Herausgabe von Arbeitsmaterial und Publikationen
- Stellungnahmen zur Jugendpolitik
- Beteiligung an Aktionen, die den Zielen des Vereins entsprechen.

§3

(3) Der Verein verfolgt ausschließlich und unmittelbar gemeinnützige Zwecke im Sinne des Abschnittes „Steuerbegünstigte Zwecke“ der Abgabenordnung und ist selbstlos tätig. Er verfolgt nicht in erster Linie eigenwirtschaftliche Zwecke.

(4) Mittel des Vereins dürfen nur für satzungsgemäße Zwecke verwendet werden.

Die Mitglieder erhalten – abgesehen von etwaigen für die Erfüllung ihrer satzungsgemäßen Aufgaben bestimmten Zuschüssen – in ihrer Eigenschaft als Mitglieder keine Zuwendungen aus Mitteln des Vereins. Dies gilt auch für den Fall ihres Ausscheidens oder bei der Auflösung oder Aufhebung des Vereins.

(5) Es darf keine Person durch Aufgaben, die dem Zweck des Vereins fremd sind, oder durch unverhältnismäßig hohe Vergütungen begünstigt werden.

(6) Bei Auflösung oder Aufhebung des Vereins oder Wegfall seines bisherigen Zweckes fällt das Vermögen des Vereins an .... (Begünstigter muß gemeinnützig sein)

Dieser hat das ihm zufallende Vermögen unmittelbar und ausschließlich für Aufgaben der Jugendpflege oder Jugendhilfe zu verwenden.

§ 4 – Mitgliedschaft

(1) Ordentliches Mitglied kann jede natürliche Person werden, die die Ziele des Vereins unterstützt.

2) Die Mitgliedschaft beginnt mit der Aufnahme durch den Vorstand. Gegen die Ablehnung der Aufnahme kann die Mitgliederversammlung angerufen werden. Jedes Mitglied erhält eine Satzung.

(3) Der Austritt eines Mitgliedes ist nur zum Jahresende möglich. Er erfolgt unter Wahrung einer Frist von 3 Monaten schriftlich gegenüber dem Vorstand.
Alternativ: Jedes Mitglied ist berechtigt, seine Mitgliedschaft jederzeit ...– Wochen / Monate im voraus zum Monatsende zu kündigen. Dies erfolgt durch eine schriftliche Erklärung gegenüber dem Vorstand.

(4) Ein Mitglied kann vom Vorstand mit sofortiger Wirkung ausgeschlossen werden, wenn es gegen die Ziele des Vereins bzw. dessen Interessen verstößt oder wenn es mit den Beiträgen trotz Mahnung für 6 Monate im Rückstand bleibt. Dem Mitglied muß vor der Beschlußfassung Gelegenheit zur Rechtfertigung gegeben werden. Bei Einspruch entscheidet die Mitgliederversammlung mit ..... (erforderliche Anzahl) der Stimmen.

3.1 Korporative Mitglieder

Als korporative Mitglieder können sich Vereinigungen mit Aufgaben der Jugendpflege oder Jugendhilfe anschließen. Über die Aufnahme entscheidet der Vorstand. Die Mitgliedschaft der korporativen Vereinigung kann von beiden Seiten unter Einhaltung einer Frist von 4 Wochen gekündigt werden.

§ 3.2 Beitrag

Die Mitglieder sind zur Zahlung von Beiträgen verpflichtet. Die Beitragshöhe wird vom Vorstand bestimmt.

§ 3.2 Alternativ

Die Mitglieder bezahlen Beiträge nach Maß eines Beschlusses der Mitgliederversammlung. Zur Festlegung der Beitragshöhe und -fälligkeit ist die einfache Mehrheit der in der Mitgliederversammlung anwesenden stimmberechtigten Vereinsmitglieder erforderlich.

§ 4 – Organe des Vereins

Organe des Vereins sind

a) die Mitgliederversammlung
b) der Vorstand.

§ 5 – Mitgliederversammlung

(1) Die Mitgliederversammlung tritt jährlich zusammen. Sie setzt sich zusammen aus den natürlichen Personen, die Mitglied des Vereins sind. Der Vorstand lädt die Mitglieder schriftlich unter Bekanntgabe der Tagesordnung mit einer Frist von mindestens 3 Wochen dazu ein.

(2) Der Vorstand kann außerordentliche Mitgliederversammlungen einberufen. Er hat sie auf Verlangen von mindestens einem Drittel der Mitglieder einzuberufen.

(3) Die Mitgliederversammlung nimmt den Geschäfts- und Prüfbericht entgegen und beschließt über die Entlastung. Sie wählt den Vorstand und die RevisorInnen.

(4) Die Mitgliederversammlung ist beschlußfähig, wenn mindestens .... % der Mitglieder anwesend sind. Jedes Mitglied hat eine Stimme. Beschlüsse der Mitgliederversammlung werden mit einfacher Mehrheit der Erschienenen gefaßt. Satzungsänderungen bedürfen einer zwei Drittel Mehrheit der Erschienenen.

(5) Bei Beschlußunfähigkeit ist innerhalb von 2 Wochen eine zweite Mitgliederversammlung zu berufen, die dann ohne Rücksicht auf die Zahl der vertretenen Mitglieder beschlußfähig ist.

(6) Zu einem Beschluß über die Auflösung ist eine Mehrheit von drei Viertel aller Mitglieder erforderlich.

(7) Beschlüsse der Mitgliederversammlung sind zu protokollieren, das Protokoll wird von dem /der SchriftführerIn und einem Vorstandsmitglied unterzeichnet.

(8) Korporative Mitglieder haben in der Mitgliederversammlung Antrags- und Stimmrecht.

§ 7 – Vorstand

(1) Der Vorstand wird von der Mitgliederversammlung für die Dauer von 2 Jahren gewählt. Er bleibt bis zur durchgeführten Neuwahl im Amt.

(2) Die Mitgliederversammlung bestimmt Form und Aufgaben des Vorstandes. Der Vorstand besteht mindestens aus dem/der Vorsitzenden und zwei stellvertretenden Vorsitzenden. BeisitzerInnen werden nach Maßgabe der Mitgliederversammlung zusätzlich in den Vorstand gewählt.

Korporative Mitglieder können eine/einen benannten VertreterIn beratend in den Vorstand entsenden. Die gewählten RevisorInnen haben bei den Sitzungen des Vorstandes Teilnahmerecht.

(3) Der Vorstand ist beschlußfähig, wenn mehr als die Hälfte seiner Mitglieder erschienen sind. Er faßt die Beschlüsse mit Mehrheit. Die Beschlußunfähigkeit ist auf Antrag festzustellen.

(4) Vorstand im Sinne des § 26 BGB sind der/die Vorsitzende und die zwei stellvertretenden Vorsitzenden. Je zwei sind gemeinsam vertretungsberechtigt.

§ 8 – Arbeitskreise

Es können Arbeitskreise für gesonderte Aufgaben vom Vorstand eingesetzt werden. Die Arbeitskreise werden befugt, im Rahmen der zur Verfügung stehenden Haushaltsmittel eigenständig über das zugewiesene Aufgabengebiet zu entscheiden.

§ 9 – Finanzierung

(1) Die Einnahmen setzen sich wie folgt zusammen:

a) Aus Mitgliedsbeiträgen

b) Aus Zuwendungen aus öffentlichen Mitteln, Spenden, Erlösen aus Veranstaltungen

c) Aus zweckgebundenen Zuschüssen.

(2) Alle Ausgaben und Einnahmen sind zu belegen und werden von den RevisorInnen des Vereins geprüft.

§ 10 – Mitgliedschaften des Vereins

Der Verein kann durch Beschluß des Vorstandes die Mitgliedschaft in anderen Vereinen und Organisationen begründen, die den Zielen des Vereins entsprechen.

Alternativ:

§ ... Beiträge

Die Mitglieder bezahlen Beiträge nach Maß eines Beschlusses der Mitgliederversammlung.
Zur Festlegung der Beitragshöhe und -fälligkeit ist die einfache Mehrheit der in der Mitgliederversammlung anwesenden stimmberechtigten Vereinsmitglieder erforderlich.

§ ... Satzungsänderungen

Satzungsänderungen können nur durch eine Mitgliederversammlung mit ..... Mehrheit beschlossen werden. Der Einladung ist die Angabe des zu ändernden § der Satzung in der Tagesordnung bekanntzugeben. Ein Beschluß, der eine Änderung der Satzung enthält, bedarf einer Mehrheit von .... der abgegebenen Stimmen.

§ ... Auflösung des Vereins

(1) Die Auflösung des Vereins erfolgt durch Beschluß der Mitgliederversammlung, wobei .... der abgegebenen Stimmen für die Auflösung stimmen müssen. Der Beschluß kann nur bei rechtzeitiger Ankündigung in der Einladung zur Mitgliederversammlung gefaßt werden.

(2) Bei Auflösung des Vereins oder bei Wegfall seines bisherigen Zweckes fällt das Vermögen des Vereins an ..(einen gemeinnützigen Verein, Organisation etc.), der es ausschließlich und unmittelbar für gemeinnützige bzw. mildtätige Zwecke zu verwenden hat.

Datum, Ort, Unterschriften

Unterschriften von mindestens 7 Mitgliedern

Muster Gründungsprotokoll

Tagesordnung:

1. Eröffnung und Begrüßung
2. Ggf. Aussprache
3. Beschluß über die Vereinsgründung
4. Beschluß über die Satzung
5. Wahl des Vorstandes
6. Verschiedenes

Am ..... (Datum) versammelten sich die in der Teilnehmerliste aufgeführten Personen in .... (Ort) ..... (Straße, Nr.)
zur Gründung des Waldkindergarten ... e.V.
Die versammelten Gründungsmitglieder bestimmen Frau/Herrn ...... zum VersammlungsleiterIn, Frau/Herrn ..... zur SchriftführerIn.

1. Eröffnung und Begrüßung

Frau/Herr begrüßt die Anwesenden und eröffnet die Versammlung

2. Aussprache

...

3. Beschluß über die Vereinsgründung

Die Anwesenden beschließen einstimmig die Gründung des Vereins Waldkindergarten .... e.V.

4. Beschluß über die Satzung

Nach Besprechung der einzelnen Paragraphen wird die vorgelegte Satzung von den versammelten Gründungsmitgliedern einstimmig beschlossen (Satzung s. Anlage).

5. Wahl des Vorstandes

Die Gründungsmitglieder wählten folgende Personen in den Vorstand: Wahl der/des 1. Vorsitzenden

(Vor- und Nachname, Beruf, Anschrift)
Anzahl Ja- und Nein-Stimmen, Anzahl Enthaltungen
2. Vorsitzende: (s. oben)
Wahl der RevisorInnen (s. oben)
Wahl zum Kassenwart (Name und Anschrift)
Die gewählten Vorstandsmitglieder nehmen die Wahl an.

6. Verschiedenes

Die Versammlung beschließt, den Mitgliedsbeitrag zunächst auf monatlich ...... DM festzusetzen.

Ort, Datum

Unterschrift VersammlungsleiterIn. SchriftführerIn

Musterbrief Amtsgericht

Musterbrief zum Eintrag in das Vereinsregister

Die Neuanmeldung des Vereins beim Amtsgericht zur Eintragung in die Vereinsrolle erfolgt durch einen Notar. Dieser setzt i. d. R. das untenstehende Schreiben auf. Die Unterschriften aller Vorstandsmitglieder müssen vor dem Notar vollzogen und von diesem beglaubigt werden. Die Kosten dafür betragen ca. 50,– DM.

Briefkopf des Vereins
Ort und Datum

An das
Amtsgericht
- Registergericht -
Straße
Ort

Betr.: Neuanmeldung des Vereins Waldkindergarten ... e.V.

Wir, die Vorstandsmitglieder des vorbezeichneten, in Gründung befindlichen Vereins überreichen als Anlage in Ur- und Abschrift die Satzung des Vereins sowie eine Abschrift des Protokolls über die Gründungsversammlung der Mitglieder des Vereins, aus der sich auch unsere Bestellung zu Vorstandsmitgliedern ergibt, und melden den Verein und uns als Vorstand zur Eintragung in das Vereinsregister an.

Eine Eintragungsnachricht wird auch an den beglaubigenden Notar erbeten.

Ort, Datum,

Unterschrift aller Vorstandsmitglieder

Musterbrief Finanzamt

Musterbrief zum Antrag auf Steuerbegünstigung wegen Gemeinnützigkeit beim Finanzamt

Briefkopf des Vereins
Ort und Datum

An das Finanzamt
– Abt. Körperschaften –
Straße
Ort

Betr.: Antrag auf Steuerbegünstigung wegen Gemeinnützigkeit

Sehr geehrte Damen und Herren,

wir übersenden Ihnen in der Anlage eine Abschrift unserer Satzung vom (Datum). In § ... unserer Satzung wird deutlich, daß ausschließlich und unmittelbar gemeinnützige Zwecke im Sinne der §§ 51 und 68 Abgabenordnung verfolgt werden.

Wir beantragen die steuerliche Anerkennung der begünstigten Zwecke sowie die Berechtigung zur Ausstellung von Spendenbescheinigungen.

Mit freundlichen Grüßen

Unterschriften der Vorstandsmitglieder in vertretungsberechtigter Zahl

Adressen der Wald- und Naturkindergärten und -Initiativgruppen in Deutschland

Wer nähere Informationen zu Waldkindergärten und Waldgruppen in seiner näheren Umgebung sucht, kann sich an das Naturschutz-Zentrum Hessen wenden. Dort bekommt man auch gegen eine geringe Gebühr ständig aktualisierte Adressenlisten der Waldkindergärten in Deutschland.

Adresse: Naturschutz-Zentrum Hessen Projekt GmbH
Und Büro für Naturpädagogik und Umweltbildung
Friedensstraße 25
35578 Wetzlar
Tel.: 0 64 41/ 2 40 25 , FAX: 0 64 41/ 2 40 28

Auch im Internet sind die Waldkindergärten inzwischen vertreten. Starten sie ihre Suche bei http://www.waldkindergarten.de (Das ist die homepage des Waldkindergartens Flensburg mit vielen links zu anderen Einrichtungen).

Literatur

Vereinsgründung:

Ott, Sieghart: Vereine gründen und erfolgreich führen, Beck Verlag

Walther, Friedrich J.: Vereine und Gesellschaften, Beck Verlag

Schleder: Steuerrecht der Vereine, NWB-Verl., Herne 1995

Theorie

Miedzinski, Klaus: Die Bewegungsbaustelle, verlag modernes lernen, Dortmund 1991

Ayres, Jean: Bausteine der kindlichen Entwicklung, Berlin 1992

Zimmer, Renate: Schafft die Stühle ab!, Freiburg 1995

Zimmer, Renate: Handbuch der Sinneswahrnehmung, Freiburg 1995

Kükelhaus, Hans: Entfaltung der Sinne, Frankfurt 1982

Kükelhaus, Hans: Organismus und Technik, Frankfurt 1979

Postman, Neil: Das Verschwinden der Kindheit, Frankfurt 1983

Braunmühl, Eckhard von: Zeit für Kinder, Frankfurt 1978

Knauer, Reingard; Brandt, Petra: Ich schütze nur, was ich liebe, Frankfurt 1995

Oerter, Rolf: Moderne Entwicklungspsychologie, Donauwörth 1973

Kunz, T.: Weniger Unfälle durch Bewegung, Schorndorf 1993

Vester, Frederic: Ein Baum ist mehr als ein Baum, Kösel Verlag 1985

Praxis

Owen, Peter: Knoten, Idee & Konzept, München 1993

Fry, Eric C.: Das große BLV Knotenbuch, BLV, München 1993

Spiellandschaft Stadt: Feuer Wasser Erde Luft, Eigenverlag Spiellandschaft Stadt, München o.J.

Cornell, Joseph: Mit Kindern die Natur erleben, Ahorn Verlag 1979

Cornell, Joseph: Auf die Natur hören – Natur erleben durch's ganze Jahr, Verlag a. d. Ruhr 1991

Singeisen-Schneider, Verena: 1001 Entdeckungen – Natur erleben durch's ganze Jahr, Orell Füssli 1989

Steinbach, Gunter: Unser Wald – Kinder erleben die Tiere und Pflanzen des Waldes, Delphin Verlag 1988

Knirsch, Rudolph (Hrsg): Unsere Umwelt entdecken – Spiele und Experimente für Eltern und Kinder, Krüger Verlag 1988

Lechner-Knecht, Siegrid: Kommt und erlebt die Wunderwelt des Waldes, Ulmer Verlag, Tuningen 1990

Schmidtbauer, Hildegard: Erlebnisraum Wald, Praktische Umwelterziehung in Kindergarten und Grundschule, Don-Bosco-Verlag 1992

Gefahren

Loos-Frank, Brigitte u. Lucius, R. u. Kimmig, P.: Merkblatt zur Biologie, Verbreitung und Diagnose des Kleinen Fuchsbandwurmes Echinococcus multilocularis in Mitteleuropa. Ratschläge zur Vermeidung von Infektionen. Sonderdruck aus der Schriftenreihe für Ökologie, Jagd und Naturschutz. Band 1/1992.

Eckert, J.: Der „gefährliche Fuchsbandwurm“ (Echinococcus multicularis) und die alveoläre Echinokokkose des Menschen in Mitteleuropa.. In Berliner und Münchner Tierärztliche Wochenschrift, Jg. 109, S. 202-220 (1996).

IMMUNO (Hrsg.): Zecken übertragen Krankheiten. Wie kann ich mich schützen? Broschüre von 1995. Stand 24.11.94.

Adressen

Jako-O GmbH
Der Katalog für ausgewählte
Kindersachen
Postfach 11 50
96473 Rodach
Tel.: 0 18 05 / 31 31 28
Fax: 0 95 64 / 92 93 29

Mutter direkt Versand
V. Kerschbaum
Mühlenweg 3
53604 Bad Honnef-Rhöndorf
Tel.: 0 22 24 / 50 51
Fax: 0 22 24 / 1 04 54

Räer
Ausrüstung
Altes Dorf 18-20
31137 Hildesheim
Tel.: 0 51 21 / 5 79 44
Fax: 0 51 21 / 51 15 81

Auf & Davon
Bergsport, Trekking, Kanuwandern
Kleiner Zimmerhof,
38300 Wolfenbüttel
Harzstraße 8, 38312 Ohrum
Tel.: 0 53 37 / 15 96

Raum für Notizen:

Raum für Notizen:

Raum für Notizen:

Raum für Notizen: